10대에게 ★ 권하는
물리학

10대에게 권하는 물리학

초판 1쇄 발행 2023년 6월 3일
초판 2쇄 발행 2024년 1월 10일

지은이 이강영 **펴낸이** 김종길
펴낸 곳 글담출판사 **브랜드** 글담출판

기획편집 이경숙·김보라 **영업** 성홍진
디자인 손소정 **마케팅** 김지수 **관리** 이현정

출판등록 1998년 12월 30일 제2013-000314호
주소 (04029) 서울시 마포구 월드컵로8길 41 (서교동 483-9)
전화 (02) 998-7030 **팩스** (02) 998-7924
블로그 blog.naver.com/geuldam4u **이메일** geuldam4u@geuldam.com

ISBN 979-11-91309-42-3 (43420)

일러두기
이 책에 사용한 그림과 사진에서 공유저작물(Public Domain)은 따로 기재하지 않았습니다.
일부 저작권 확인이 안 된 경우 저작권자가 확인되는 대로 별도의 허락을 받도록 하겠습니다.

만든 사람들
책임편집 김윤아

어려운 물리학을 왜 배워야 할까요?

10대에게 ★ 권하는 물리학

이강영 지음

물리학의 관점으로 바라보면
세상을 더 잘 이해할 수 있어요.

글담출판

어린 시절에 저를 사로잡은 것은 여러 모험담이었습니다. 주인공이 신기한 세상에 가서 이런 저런 일들을 겪고, 놀라운 것들을 보고 듣는 이야기들. 소설이나 만화책에서, TV의 만화나 영화에서, 그리고 요즘 친구들은 잘 상상이 가지 않을지 모르겠지만, 라디오 방송극에서 그런 이야기들을 읽고 보고 듣는 것이 세상에서 제일 즐거운 일이었습니다. 이 책을 읽는 여러분도 그러지 않았을까요? 물론 여러분은 웹툰이나 유튜브나, 그 밖의 다양한 매체를 통해서 더욱 풍부하고 화려한 이야기들을 접했겠지만 말이지요.

어린 시절에는 그런 이야기들을 접할 때 모험 자체는 사실 그다지 중요하지 않았던 것 같습니다. 그보다는 얼마나 신기한 것들이 나오는가 하는 게 훨씬 중요한 일이었지요. 거기에는 동물의 세계도 있고, 바닷속이나 정글로 가기도 하고, 공룡이나 다른 괴물들도 나오고, 로봇이 활약하거나 우주를 날아다니기도 하고, 아득한 과거나 먼 미래의 세계를 가기도 하고, 아예 다른 세계를 넘나들며 모험을 벌이기도 합니다. 그런 이야기에 폭 빠져 있던 어린 시절에는, 언젠가는 나도 정말로 그런 세계로 가서 모험을 하게 되리라고 믿고 그런 꿈속에서 살았던 것 같습니다.

그런데 조금 더 커서 이 책을 읽을 여러분들 나이쯤 되니, 이제 그런 모험을 하는 일은, 그러니까 내가 만화 영화의 스크린 속으로 들어가는 일은 현실에서 가능하지 않다는 걸 알게 되었습니다. 한마디로 말해서 꿈이 깨어질 위기에 처한 겁니다. 하지만 저는 꿈을 버리는 게 너무 아까워서, 원하던 모습에 가장 가까워질 수 있는 방법을 찾기로 했습니다. 그렇게 해서 찾은 방법이 바로 과학자가 되는 일이었습니다. 우주와 다른 별들이나 공룡 세계에 대해서 늘 생각하는 사람은? 과학자입니다. 로봇이나 우주선을 타려면 일단 만들어야 하는데, 누가 만들게 될까요? 역시 과학자입니다. 과거나 미래의 세계로 가려면 우선 타임머신부터 발명해야 할 텐데, 타임머신하면? 물론 과학자죠! 아무리 생각해도 그런 일들을 실제로 하려면 과학자여야 했습니다. 그래서 저는 꽤 일찍부터 과학자가 되기로 결심했답니다.

자, 이제 과학자가 되려면 어떻게 해야 할까? 그리고 어떤 과학자가 되어야 할까? 당연히 당시의 저는 아무것도 몰랐습니다. 그리고 어디 물어볼 데도, 찾아볼 곳도 마땅치 않았습니다. 사실 제가 여러분들 나이쯤이었을 때에는 우리나라에 그런 걸 가르쳐 줄 사람도 거의 없었고, 읽을 만한 책도 많지 않았기 때문입니다. 그러다 보니 과학과 조금이라도 관련이 있어 보이는 것들은 손에 잡히는 대로 읽었습니다. 특히 과학 백과사전을 많이 읽었던 걸로 기억합니다. 그렇게 닥치는 대로 읽고 접하다 보니, 그 중에서 제일 신기하고 멋져 보이는 이야기는 4차원 세계, 상대성 이론, 소립자, 시간과 공간 같은 것들이었습니다. 기왕 모험을 한다면 가장 멋진 세계에서 해야 하지 않겠어요? 그래서 그런 이야기들을 알아내는 방법을 찾기로 했고, 결국 물리학이라는 길로 접어들었습니다.

이 책을 손에 든 여러분 모두가 과학자가 되겠다고 결심을 한 사람은 아닐 것입니다. 그래도 이 책을 택했다는 건 여러분이 일단 과학에, 특히 물리학에 관심을 가지고 있다고 생각해도 되겠지요? 이 책이 그런 여러분이 알고 싶은 것들을 조금이나마 채워 줄 수 있으면 좋겠습니다. 사실 이 책은 제가 예전에 과학자가 되기로 한 뒤에 궁금해하고 알고 싶었던 일들을 말해 주는 책이라고 할 수 있습니다. 즉, 지금의 제가 과학자를 꿈꾸던 옛날의 저에게 들려 주는 책인 셈입니다. 이 책이 물리학에 매력을 느끼고 관심을 가지는 여러분에게 도움이 되길 바랍니다.

차례 Contents

 **CHAPTER 04.** **물리학은 우리 생활에 어떻게 이용되나요**

CHAPTER 05. **물리학은 앞으로 어떻게 발전할까요**

물리학이란 무엇인가요

물리학이라는 말을 들으면 어려운 학문이라는 말이 반드시 따라 나옵니다. 물리학을 알려면 수학도 잘해야 하고, 엄청난 기계도 다루어야 하고, 무슨 주문 같은 이상한 말도 알아야 하니, 정말 천재 소리는 들어야 할 것 같기도 합니다.

정말 그럴까요? 물리학이란 대체 무엇을 배우는 학문일까요? 물리학을 공부하는 사람들은 무슨 생각을 하며 공부를 하는 걸까요? 만약 내가 대학의 물리학과에 진학한다면 어떤 것들을 배우게 될까요? 그리고 물리학을 전공하면 나중에 어떤 일들을 할 수 있을까요? 우선 이런 이야기부터 시작해 보겠습니다.

물리학은 보편적인 원리를 탐구해요

물리학이 무엇인가라는 질문에 대답하기는 매우 어렵습니다. 물리학뿐 아니라, 원래 이런 종류의 질문에 대답하기란 어려운 법입니다. 그런데 그중에서도 물리학은 좀 더 어렵다고 할 수 있습니다. 그 이유 중 하나는 물리학이 다루는 대상의 범위가 대단히 넓기 때문입니다.

물리(物理)라는 말은 '사물의 이치'라는 뜻입니다. 여기서 사물은 특정한 무엇을 가리키는 게 아니라, 지금 우리 눈에 보이는 모든 것들을 말합니다. 그러니 물리학이 다루는 대상은 엄청나게 많을 수밖에 없습니다. 책상과 의자, 연필, 유리창과 같은 우리 주변의 물건은 물론, 물질을 이루는 원자와 분자, 원자핵과 기본 입자, 그리고 원자로 이루어진 고체, 액체, 기체와 같은 물질들이 모두 물리학이 다루는 대상입니다. 또한 발전소나 휴대폰, TV 등의 전자 제품뿐만 아니라 자동차나 온갖 기계도 모두 물리학을 통해 얻은 지식을 이용하고 있습니다. 나아가 생명체 속에서나 별들

속에서 일어나는 현상도 물리학으로 설명되며 시간과 공간, 우주 전체까지 모두 물리학에서 연구하는 주제들입니다.

물리학은 다른 과학 분야와 어떻게 다른가요

이렇게 말하고 나면, "그럼 물리학이 아닌 다른 분야의 과학은 뭔가요?"라고 물을지도 모르겠습니다. 과학 분야에는 물리학 말고도 생물학이나 지질학, 해양학, 천문학 등 다양한 학문이 존재하니까요. 그렇다면 다른 과학과 물리학은 어떻게 다를까요?

같은 대상을 다루더라도 물리학과 자연과학의 다른 분야는 접근 방법이 조금 다릅니다. 생물학, 지질학, 천문학 등은 다루는 대상의 범위가 좀 더 분명하지만, 물리학은 다루는 대상에 제한이 거의 없습니다. 다시 말해 생물을 연구하는 과학이 생물학이고, 지각과 암석을 연구하는 과학이 지질학이며, 바다를 연구하는 과학이 해양학이지만, 물리학은 이 모든 것을 포함해 전자와 같은 입자부터 우주 그 자체까지 물질 세상 전부를 연구합니다. 심지어 최근에는 물질 세상을 넘어서 사회 현상이나 경제학에 물리학의 방법을 적용하는 경제물리학, 사회물리학 같은 분야도 생겨나고 있지요. 다른 과학 분야에서는 기본적으로 그 분야 안에서 적용되는 법칙을 추구하는 반면, 물리학은 같은 현상을 다루더라도 더 보편적인 원리를 찾아내고자 하기 때문입니다.

이러한 차이 때문에 학문을 연구하는 방법도 달라집니다. 예를 들어서 화학자와 물리학자는 얼핏 보면 비슷하게 원자와 분자를 가지고 물질을 다룬다고 할 수 있는데, 자세히 보면 관심사가 다르고 그에 따라 연구 방법에도 큰 차이가 있습니다. 화학자에게는 물질이 무엇으로 되어 있는지가 제일 중요한 문제입니다. 그래서 이 물질과 저 물질은 어떻게 구별하는지, 이 물질과 저 물질이 합쳐지면 어떤 새로운 물질이 되는지, 또 이 물질이 어떤 물질과는 반응하지 않는지 등에 주로 관심을 가집니다. 즉, 화학자들이 관심을 가지는 화학적 성질이란, 물질이 다른 물질과 어떻게 합쳐지고 분리되는지를 나타내는 성질입니다. 이에 반해 물리학자들은 물질의 화학적 성질보다는, 물질이 어떻게 행동하며 왜 그렇게 행동하는지에 주로 관심이 있습니다.

물론 두 분야에서 공통적으로 관심을 가지는 문제들도 많습니다. 사실 칼로 자르듯이 화학의 문제와 물리학의 문제를 나눌 수도 없지요. 각각의 분야에서 전통적으로 다루던 문제들이 시간이 지나면 다른 분야로 넘어가기도 합니다.

물리학은 물질의 성질과 구조를 연구해요

물리학에서 가장 오래되고 근본적인 연구 주제는 물질을 이루는 기본적인 구조가 무엇인가 하는 것입니다. 물리학의 발전에 따라 물질을 구성하

물리학이 발전하면서 물리학이 다루는 영역은
계속해서 확장되고 있습니다.

는 가장 기본적인 구조는 계속 새롭게 발견되었고 그에 따라 물리학의 영역도 계속 확장되어 왔지요.

좀 더 구체적으로 물리학자들이 무엇을 연구하는지 알아보겠습니다. 여러분에게 익숙한 분야부터 시작해 볼게요. 물리학자 중에는 물질의 성질을 연구하는 학자들이 있습니다. 보통 '물질'이라고 하면 무엇이 떠오르나요? 아마도 우유나 물보다는 돌이나 쇠와 같은 고체가 먼저 떠오르지 않을까 합니다. 그래서 예전에는 이 분야를 고체물리학(solid state physics)이라고 불렀습니다.

하지만 물질에 대한 이해가 깊어지면서, 물질을 단순히 고체와 액체로 구분하기가 쉽지 않음을 알게 되었습니다. 예를 들어 유리나 고무와 같은 물질은 원자나 분자가 불규칙적으로 결합해 있으므로 녹는점이 정해지지 않는 등 보통의 고체와는 다른 성질을 지닙니다. 또한 액정(휴대폰이나 TV의 화면이 액정을 이용한 장치입니다. LCD의 LC가 액정, 즉 liquid crystal의 약자입니다)은 고체처럼 분자가 규칙적으로 배열된 결정과 같은 성질을 가지고 있으면서 액체처럼 유동성을 가집니다. 그래서 지금은 원자나 분자가 결합해 있는 모든 물질 상태를 포괄하는 의미에서 응집물질물리학(condensed matter physics)이라고 부릅니다.

응집물질물리학에서는 물질의 구조와 전자기적인 성질을 밝히고 다양한 물질 상태를 연구합니다. 물질의 일반적인 성질뿐 아니라, 물질의 상태 변화, 전류가 흐를 때나 자석을 갖다 댔을 때 성질이 어떻게 달라지는지, 매우 낮은 온도나 매우 높은 압력을 받는 등의 특별한 상태에서 일어나는 일 등을 연구해서 물질의 성질을 이해하고, 그러한 지식을 바탕으로 새로운 응용 분야를 찾기도 합니다. 반도체와 레이저, 초전도 등 20세기 혁신적인 기술의 많은 부분이 이 분야의 연구 결과로 등장한 것입니다.

또한 물리학은 물질의 성질뿐만 아니라 더 깊은 구조를 이해하고자 합니다. 20세기 초까지만 해도 물질의 가장 기본적인 구조는 원자라고 생각되었지요. 그러나 원자에 대해 연구가 깊어지면서 그보다 더 작은 구조인 원자핵을 발견했습니다. 그리고 이 원자핵은 강한 '핵력'이라는 또 다른 힘을 통해 결합하고 있다는 사실이 밝혀졌지요. 원자핵의 구조와 강한 핵력을 연구하는 분야를 원자핵물리학(nuclear physics)이라고 합니다. 20세기 후반에 발전한 원자력 기술이 원자핵물리학의 결과입니다. 그 밖에 불안정한 원자핵이 안정한 상태가 되기 위해서 내놓는 에너지인 방사선(radioactive ray)도 원자핵물리학의 한 분야고, 최근에는 중성자별과 같은 천체를 연구하는 데에도 원자핵물리학이 중요한 역할을 하고 있습니다.

20세기 후반에 들어서 물리학자들은 원자핵보다 더 작은 세계를 탐구하기 시작했습니다. 원자핵보다 더욱 작고 기본적인 입자들을 발견한 것입니다. 이 분야를 입자물리학(particle physics)이라고 부릅니다. 입자물리학은 기본입자가 무엇인지를 탐구하고, 기본입자들의 성질과 상호작용을 연구합니다. 단순히 말하자면 원자핵보다 더 작은, 가장 작은 세계에서 일어나는 일을 연구한다고 할 수 있지요. 그런데 더 작은 세계에서 무슨 일이 일어나는지 탐구하기 위해서는 더 높은 에너지가 필요합니다. 원자핵과 전자가 결합해 원자를 이루는 힘보다 더 높은 에너지를 가지고 들여다보아야만 원자의 내부를 볼 수 있기 때문이지요. 그래서 원자의 내부를 볼 때는 보통의 빛보다 에너지가 높은 엑스선 등을 이용합니다. 나아가서 원자보다 더 작은 원자핵이나 양성자의 내부를 보려면 더욱 높은 에너지의 입자가 필요하게 됩니다.

그렇다면 높은 에너지 상태의 입자는 어떻게 만들까요? 그네를 반복해서 밀어주면 점점 더 높이 올라가듯이, 입자를 반복적으로 가속시켜서 높은 운동에너지를 가지도록 하면 됩니다. 이렇게 입자를 가속시키는 장치를 '가속기'라고 합니다. 원자핵보다 작은 세계를 탐구하기 위해서는 매우 높은 에너지가 필요하므로 점점 더 거대한 가속기가 필요해졌습니다. 그리고 가속기의 발전은 가속기물리학이라는 새로운 응용 분야를 발전시켰지요.

오늘날 가속기는 입자물리학뿐 아니라 물질의 물리적, 화학적 성질을 연구하는 재료과학이나 의학 등에도 중요한 장비가 되었습니다. 큰 병원에 가면 방사선 치료를 위한 방사선의학과를 볼 수 있을 겁니다. 방사선의학과에서 사용하는 주요한 장비가 사이클로트론이라는 소형 가속기입니다.

물리학은 우주도 연구해요

우주는 언제나 과학자들의 꿈입니다. 흔히 우주와 별을 연구하는 학문을 천문학이라고 하지요. 그런데 물리학 지식이 발전하면서 물리학자들도 천체와 우주를 연구하기 시작해서, 지금은 물리학에서도 천체물리학과 우주론이 중요한 분야로 자리 잡았습니다.

군이 천문학과 천체물리학 그리고 우주론을 구분해 보자면, 전통적인 천문학은 별과 은하와 우주가 어떻게 '생겼는지' 알고자 하는 분야이고, 천체물리학은 별과 그 밖의 천체가 어떻게 '행동하는지' 연구하는 분야이며, 우주론은 우주 전체를 연구 대상으로 하는 분야라고 할 수 있겠습니다. 즉, 별이 어떻게 만들어지고, 별의 내부에서는 무슨 일이 일어나는지를 연구하는 일은 천체물리학의 연구 주제고, 우주가 처음에 어떻게 만들어졌으며 미래에는 어떻게 될 것인지는 우주론을 연구하는 사람들이 추구하는 질문입니다. 하지만 이들 학문은 많은 부분에서 겹칠 수밖에 없습니다.

이처럼 물리학과 천문학의 관계가 매우 가깝기 때문에 외국의 대학교에는 하나의 학과로, 예컨대 '물리학 및 천문학과(Department of Physics & Astronomy)'와 같은 이름으로 되어 있는 경우가 많으며, 천문학에서 중요한 업적을 남긴 사람은 노벨 물리학상을 받습니다. 예를 들어 2019년에 노벨 물리학상을 받은 미셸 마요르(Michel Mayor, 1942~)와 그 제자 디디에 쿠엘로(Didier Queloz, 1966~)의 업적은 '태양과 비슷한 별 주위를 도는 외계행성을 발견'한 일인데, 이는 물리학보다는 전통적인 관측 천문학의 영역입니다.

한편 최근 들어 재미있게도 가장 커다란 세계를 연구하는 천체물리학과 우주론에서 가장 작은 세계의 물리학인 기본입자에 대한 지식이 필요해졌습니다. 우리 우주가 처음에는 아주 작은 크기에서 시작했다는 빅뱅 이론이 확립되면서 초기의 우주 상태를 연구하기 위해서는 입자처럼 아주 작은 세계를 다루어야 한다는 사실을 알게 되었기 때문입니다. 사실 우주에서는 초신성, 중성자별, 블랙홀 등에 의해 매우 극단적인 일이 일어날 수 있어서 전통적으로 입자물리학자는 우주에 꾸준히 관심을 가지고 있었습니다. 그러다 보니 최근에는 입자물리학과 천체물리학 및 우주론이 같은 대상을 연구하는 일이 많아졌지요. 입자물리학자 입장에서 우주는 새로운 실험실이 된 셈이고, 천체물리학과 우주론에서는 입자물리학의 지식이 필수적인 도구가 된 것입니다.

물리학의 연구 분야는 점점 더 다양해지고 있어요

시간이 지나면서 물리학의 연구 대상이나 내용이 달라지기도 합니다. 가령 빛과 렌즈, 거울 등을 연구하는 광학은 오래전부터 물리학에서 중요한 분야였습니다. 하지만 오늘날에는 거울과 렌즈가 물리학의 연구 대상이 되는 일은 거의 없습니다. 대신 레이저가 발전하면서 현대의 광학은 주로 레이저를 연구하고 이용하는 분야가 되었지요. 레이저는 물질의 양자역학적인 성질을 이용하므로 이 분야를 양자전자학이라고 부르기도 하며 원자 및 분자 물리학과도 밀접한 관계가 있습니다.

또, 우리에게는 고체, 액체, 기체와 같은 물질 상태가 익숙하지만, 태양처럼 엄청난 고온일 때 물질의 상태는 또 다릅니다. 이를 '플라스마 상태'

라고 하지요. 이 상태를 연구하는 플라스마물리학은 핵융합 연구에 중요한 역할을 맡고 있습니다.

최근 새로이 탄생해서 각광을 받고 있는 분야는 양자역학의 특별한 성질을 응용하는 분야인 양자 정보학(quantum information)입니다. 양자 정보 분야에서는 양자 컴퓨터, 양자 암호, 양자 통신 등의 분야에서 양자역학을 이용해서 전혀 새로운 학문을 창조해 나가고 있습니다.

심지어 물리학은 사회 현상을 해석할 때도 사용될 수 있습니다. 매우 많은 수의 대상을 다루는 통계물리학은 최근 복잡계(complex system)라는 좀 더 일반적인 개념을 도입해서 영역을 넓혀 가고 있지요. 이러한 시도는 기후 변화와 온난화, SNS에서 의견 대립과 인기를 끄는 현상, 신경계의 작용 등 예전에는 생각하지 못했던 분야를 설명하는 데 이용되고 있습니다.

지금까지 물리학은 무엇을 연구하는 학문인지, 물리학자들은 무엇을 연구하는지 대략적으로 살펴보았습니다. 분야별로 자세한 연구 주제와 분야는 뒤에서 더 구체적으로 살펴보도록 하겠습니다. 우리 주변에 물리학과 관련된 것들이 얼마나 많은지 알면, 멀고 어렵게만 느껴지던 물리학에 조금 더 친근하게 다가갈 수 있을 것입니다.

물리학을 공부하면
무슨 일을 할 수 있나요

물리학이라고 하면 어떤 것이 떠오르나요? 평소에 물리학에 관심이 있
었다면 아인슈타인의 상대성 이론이나 블랙홀 같은 어렵고 복잡한 이론
또는 거대한 천체 등을 생각할지도 모르겠습니다. 그래서인지 물리학은
근사하고 어려우며 중요하기는 하지만 우리 생활과는 완전히 동떨어진 학
문이라고 생각하는 경우가 많은 듯합니다. 물론 상대성 이론과 블랙홀이
중요하고 흥미로운 주제이기는 하지만 물리학 전체에서 보면 많은 분야
가운데 매우 특수한 한 가지 분야일 뿐입니다. 앞에서도 이야기했듯이 물
리학은 엄청나게 광범위한 분야를 매우 다양한 방법으로 연구하고 있지
요. 그래서 물리학을 전공했거나 관련 분야에 있는 사람들은 물리학이 자
연과학의 기초를 이루기 때문에 "물리학을 공부하면 어떤 분야에 진출해
도 잘할 수 있다."라고 말합니다. 이 말이 정말 옳을까요? 만약 맞는 말이
라면 정확히 어떤 의미일까요?

물리학을 통해 과학적 사고방식을 배워요

기술 문명은 18세기 산업혁명 이후 20세기에 또다시 크게 도약했습니다. 20세기 기술의 특별한 점이라면, 과학과 밀접하게 관계를 맺으면서 발전했다는 점입니다. 오늘날의 기술은 기술의 바탕이 되는 원리를 깊이 이해하면서 발전했기 때문에, 발전이 확산되고 심화되는 속도가 이전과는 비교가 되지 않을 정도로 빠릅니다.

예를 들어 보겠습니다. 예전에는 어떤 물질이 이러이러한 성질을 가진다는 사실을 알아내면 그와 비슷한 물질을 찾아서 이용하는 식으로 기술이 발전했습니다. 하지만 현대에는 원자를 바탕으로 물질을 연구하지요. 원자의 세계를 알고 나서는 원자 구조에 대한 지식을 기반으로 그 물질이 왜 그런 성질을 가지는지를 알게 되었고, 그에 따라 더 효과적으로 응용하는 방법을 발전시키게 되었습니다. 심지어 요즘은 원자를 조작해서 원하는 물질을 직접 만들어 낼 수도 있습니다. 따라서 기술은 훨씬 더 강력해지고 어마어마하게 빨리 발전하게 되었습니다.

물질을 원자라는 기본적인 구조를 통해서 이해하는 것처럼, 무언가를 더 기본적인 구조로 바꾸어서 생각하는 방식을 '환원적 방법'이라고 합니다. 사실 오늘날의 과학은 거의 모두가 이러한 환원적 사고방식을 바탕으로 합니다. 그중에서도 물리학이 그러한 경향이 가장 강합니다. 그러므로 현대에 물리학을 배운다는 것은 이러한 환원적인 사고방식과 그에 필요한 지식을 배우는 일입니다. 따라서 물리학을 배운 사람은 현대의 어떤 과학

물리학을 배우면
과학적 사고에 꼭 필요한
환원적 사고방식을 배울 수 있습니다.

분야에도 친숙함을 느끼고 큰 어려움 없이 접근할 수 있을 것입니다.

한편 물리학 이론은 본질적으로 자연 현상을 수학적 모델로 바꿔서 다루는 일입니다. 물리학은 수학의 언어로 이루어져 있고, 대학의 물리학 수업에서 배우는 내용의 상당 부분은 그런 수학적 모델을 만들고 풀어내는 일입니다. 오늘날에는 컴퓨터 기술이 발전하면서 대상을 수학적 모델로 바꾸어서 다루는 일이 더욱 중요해졌습니다. 컴퓨터를 이용해 계산하려면 우선은 자료를 수학적으로 바꾸어야 하니까요. 그런 일을 하는 데 물리학을 공부한 사람만큼 기초가 잘 훈련된 사람들은 별로 없을 것입니다. 그런데 이렇게 수학적 모델을 만들어 계산하는 일은 오늘날 과학과 공학뿐만 아니라 다양한 분야에서 필요로 하는 능력입니다. 예를 들면, 금융 상품을 개발하고 투자 전략을 수립하는 등 금융시장을 수학적으로 다루는 분야인 금융공학이라는 분야가 있습니다. 금융공학이 널리 확산된 것은 1990년대의 일인데, 거기에 커다란 역할을 한 사람들이 바로 금융계로 진출한 물리학자들이었습니다.

스마트폰도 물리학 덕분에 만들 수 있었어요

지금까지 이야기한 내용들은 장기적인 관점에서 물리학을 배우는 장점이었습니다. 아직도 '왜 물리학을 배워야 하는지 모르겠다.'라고 생각하는 친구들도 있을 거예요. 그래서 보다 직접적으로 여러분이 고민하는 진로,

• 스마트폰을 구성하는 반도체 •

즉 직업의 세계와 연관해 물리학의 쓸모를 알아보겠습니다.

우리나라와 같이 제조업이 중요하고 IT 기술 발전에 힘을 쏟는 나라에서는 물리학을 공부한 사람들이 할 일이 무척 많습니다. IT 분야에서 물리학이 얼마나 중요한지 한번 살펴보겠습니다.

지금 세상에서 가장 큰 영향을 미치는 도구는 아마도 스마트폰일 것입니다. 유튜브나 SNS도 스마트폰이 없었다면 발전하지 못했을 것입니다. 스마트폰은 전화가 발전한 결과지만, 사실 스마트폰은 '무선으로 통신하는 컴퓨터'입니다. 그리고 오늘날 컴퓨터란 반도체를 이용한 전자공학 컴퓨터를 말하지요. 그런데 스마트폰의 핵심적인 두 요소인 반도체와 무선통신은 20세기 물리학의 대표적인 성과물입니다. 뒤에 더 자세히 설명하겠지만, 무선통신을 성공시킨 마르코니와 트랜지스터를 발명한 세 물리학자가 모두 노벨 물리학상을 받았다는 점에서도 쉽게 확인할 수 있지요. 결국 물리학이 없었다면 스마트폰도 존재하지 못했을 것입니다.

무선통신뿐만 아니라 유선통신도 그렇습니다. 지금처럼 많은 정보를 빠르게 주고받는 유선통신은 레이저를 이용한 광통신입니다. 광통신이란 전선을 통해 전기 신호를 보내는 것이 아니라, 굴절률이 큰 유리로 된 광섬유를 통해 빛을 보내 정보를 주고받는 방법입니다. 광섬유도 물리학의 원리로 만들어졌지요. 광통신에서 물리학이 중요한 또 한 가지 이유는 레이저를 사용한다는 점입니다. 레이저도 반도체처럼 20세기 물리학의 대표적인 발명품이기 때문입니다. 레이저를 발명한 물리학자들 역시 노벨 물리학상을 받았지요.

물리학을 공부하려면
꼭 수학을 잘해야 하나요

물리학을 공부하려는 학생들이 가장 많이 하는 질문은 수학을 얼마나 알아야 하는지, 과연 잘해야 하는지 하는 것입니다. 사실 대답하기가 조심스러운 질문입니다. 왜냐하면 여러분이 흔히 생각하는 '수학'과 물리학자가 생각하는 '수학'이 꽤 다를 수 있기 때문입니다. 그러니 물리학과 수학의 관계에 대해서 먼저 차근차근 이야기해 봅시다.

물리학은 자연을 수학적으로 설명해요

물리학은 다른 어떤 분야보다도 수학과 친숙한 학문입니다. 물리학에서 다루는 대상은 기본적으로 숫자, 즉 양(量)으로 나타냅니다. 그러므로 물리학의 법칙은 대부분 수학 방정식으로 표현되지요. 물리학이 성공적인 학문이 된 이유도 여기에 있습니다. 뒤에서 자세히 소개하겠지만, 위대한 물리학자이자 수학자였던 뉴턴이 자신의 수학적 성취를 발판으로 물리학 법칙을 완성했기 때문입니다. 양으로 표현할 수 있기에 물리학의 연구 결과들은 다른 분야의 연구와 달리 정확한 예측을 할 수 있어서 훨씬 강력했습니다.

뉴턴 이후 수학의 언어를 통해 물리학은 빠르게 발전할 수 있었고, 반대로 물리학이 수학의 발전을 이끄는 데 중요한 요인이 되기도 했습니다. 이러한 전통은 오늘날까지 이어져서, 극단적으로 말하면 자연을 설명할 때 수학의 방법을 이용하면 물리학이라고 부른다고 해도 좋을 정도입니다. 그러니 물리학을 하는 데 수학을 몰라도 된다는 말은 옳지 않습니다.

하버드 대학교의 생물학자인 에드워드 윌슨은 저서 《젊은 과학도에게 보내는 편지》에서 자신은 교수가 된 후에야 학생들 사이에 끼어서 미적분을 배웠다며, 분야에 따라서는 수학을 전혀 모르고도 과학자가 될 수 있다고 말합니다. 하지만 생물학은 어떨지 몰라도 (요즘은 생물학도 그렇지는 않을 듯한데) 적어도 물리학에는 해당되지 않는 이야기입니다. 앞에서 말했듯이, 대학에서 배우는 주요 과목으로 수리물리학이라는 과목이 있을 정도이니까요.

이제 다른 관점에서 이야기해 보겠습니다. 수학적인 방법이 이렇게 강력하기 때문에 오늘날 과학 및 공학의 많은 분야에서는 수학을 적극적으로 활용하고 있습니다. 특히 현대의 공학 분야는 많은 부분이 물리학에 기반을 두고 있기 때문에 자연스럽게 물리학의 수학적 방법을 활용하고 있지요. 그러므로 과학이나 공학 분야로 진로를 예정하고 있다면, 꼭 물리학이 아니더라도 일정 수준의 수학적 훈련은 피하기 어렵습니다. 즉, 여러분이 대학에서 전자공학이나 컴퓨터를 공부한다면 물리학만큼은 아닐지라도 수학 공부를 어느 정도 하기는 해야 한다는 말입니다. 물론 그보다 수학을 훨씬 적게 공부해도 되는 분야도 많이 있기는 하지만요.

이론물리학자, 실험물리학자가 따로 있어요

현대의 물리학은 다른 과학 분야와 비교해서 독특한 면이 있습니다. 연구 자체가 이론과 실험으로 나누어지고, 그에 따라 물리학을 연구하는 학자도 이론물리학자와 실험물리학자로 나뉜다는 점입니다. 모두가 그런 것은 아니지만 많은 이론물리학자는 실험을 전혀 하지 않으며, 실험물리학자는 이론의 발전보다는 검증에 온 힘을 쏟습니다.

실험하지 않는 이론과학자라는 존재는 경험적 지식을 추구하는 자연과학에서 매우 특이한 현상이라고 할 수 있습니다. 최근 컴퓨터의 발전에 따라 화학자 중에도 직접 실험을 하지 않고 시뮬레이션을 통해 연구하는 이론화학자가 있고, 생물학에도 생물정보학(bioinformatics)이라는 분야가 생기기는 했지만, 이는 매우 예외적인 경우입니다. 반면 물리학자는 앞에서 이야기한 모든 분야에 이론학자와 실험학자가 별개로 존재합니다. 즉, 이론입자물리학자가 있고 실험입자물리학자가 있으며, 응집물질물리학

물리학은 다른 과학 분야와 다르게
실험물리학과 이론물리학으로 나뉩니다.

에도 이론물리학자와 실험물리학자가 따로 있습니다. 이론학자와 실험학자가 협동해서 연구를 하는 경우도 있지만, 대부분 이론가와 실험가는 각각 자신의 일만을 합니다.

이론물리학은 전통적으로 수학과 가장 가까운 분야였고, 지금도 그렇습니다. 미국의 이론물리학자인 에드워드 위튼(Edward Witten, 1951~)은 물리학자면서도 수학의 노벨상이라고 불리는 필즈 메달을 받았습니다. 필즈 메달은 4년마다 수여하고, 40세 미만인 사람에게만 수여하기 때문에 노벨상보다 더 받기 어렵습니다. 최근 우리나라 출신의 허준이 박사가 필즈 메달을 받아서 여러분도 필즈 메달에 대해서 들어 봤을 것 같네요. 허준이 박사도 대학은 물리학과를 나왔답니다. 또한 미국의 클레이 수학연구소가 21세기가 시작될 때 아직 해결되지 않은 중요한 수학 문제를 선정해 문제마다 100만 달러의 상금을 내걸어서 유명해진 밀레니엄 문제 중에 물리학에서 비롯된 문제도 있습니다. 그러니 이론물리학자라면 수학을 두려워하거나 피해서는 안 되겠지요.

하지만 실험물리학자라면 반드시 수학을 잘해야 하는 것은 아닙니다. 수학적 지식은 이론을 이해할 수 있는 정도면 충분합니다. 대신 실험물리학자에게는 조금 다른 자질이 요구됩니다. 예를 들면 자기 손으로 무언가를 만들어 내는 데 재미를 느끼는 성격이라든가, 정밀한 측정을 하기 위한 끈기, 때로는 대규모 실험 팀을 꾸리고 관리하는 능력 같은 것들입니다.

물리학과에서는 무엇을 공부하나요

물리학은 그 어느 분야보다도 지식이 체계적으로 정립된 학문입니다. 물리학 이론이 수학적으로 매우 정교하게 표현되며, 또 정량적인 실험을 통해 정밀하게 검증되기 때문이지요. 다음 장에서 더 자세히 알아보겠지만, 뉴턴 이래로 물리학은 수학의 언어를 이용해 왔으며 물리 법칙은 방정식으로 표현되었습니다. 그리고 20세기에 들어서서 물리학자들이 자연을 더욱 깊이 관찰하자, 자연의 본 모습은 훨씬 더 추상적인 수학으로 기술된다는 사실을 알게 되었습니다.

이렇게 이론이 수학으로 표현되기에, 물리학 이론은 수학의 엄밀성과 논리적 체계라는 장점을 지니고 있습니다. 그 결과 확립된 물리학의 지식은 아주 보편적이면서도 신뢰도가 높습니다.

대학에서는 물리학의 기초를 배워요

물리학과에서는 교수가 자신의 전공과 관계없이 대학 학부의 거의 모든 전공과목을 가르칠 수 있습니다. 이는 다른 학과에서는 찾아보기 어려운 일입니다. 대부분의 다른 학과에서는 기초 과목을 제외하면 그 분야를 전공한 사람만이 해당 과목을 강의할 수 있거든요. 그런데 물리학 과목은 왜 전공 분야와 관계없이 가르칠 수 있는 걸까요? 그 이유는, 대학 학부에서 배우는 수준의 물리학은 물리학을 전공하는 사람이라면 누구나 알아야 하는 보편적이고 기초적인 지식이기 때문입니다.

물리학과에서 배우는 과목 중에서도 가장 기본적인 학문은 고전역학, 전자기학, 양자역학, 열 및 통계물리학의 네 과목입니다. 고전역학은 우리가 보는 일상적인 세상을 기술하는 방법을 알려 줍니다. 고전역학을 통해서 우리는 속도와 가속도, 힘과 에너지 등의 물리량을 정의하고 다루는 방법을 알 수 있지요. 전자기학은 현대 문명의 핵심적인 요소일 뿐 아니라 물질의 구조와 원자에 이르기까지 물질세계를 이해하는 데 기초가 되는 전기와 자기 현상의 물리 법칙을 배우는 과목입니다. 양자역학은 더욱 근본적인 물리 법칙을 다루는 과목이라고 할 수 있습니다. 양자역학을 통해서 물질의 기초를 이루는 원자와 그보다 작은 세계를 이해하는 법을 배우게 됩니다. 열 및 통계물리학은 세계를 이해하는 또 다른 관점을 가르쳐 줍니다. 열 및 통계물리학을 공부하면 우리가 경험하는 물리 현상의 상당 부분이 물질이 수많은 원자로 이루어져 있기 때문에 일어나는 것임을 알

대학교에서는 고전역학, 전자기학, 양자역학, 열 및 통계물리학 등
물리학의 기본 과목을 배우고 기초적인 실험을 수행합니다.

게 됩니다. 이 네 과목은 물리학을 공부하는 사람이면 반드시 공부하게 되는 핵심적인 과목입니다.

이외에도 학생들은 주요 과목을 보충하기 위해 다른 과목을 함께 배웁니다. 대표적으로 물리학에 필요한 수학적 방법을 배우는 수리물리학, 물리학에 컴퓨터를 이용하기 위한 기초를 공부하는 전산물리학, 물리학의 중요한 응용 분야인 광학, 양자역학을 보충해 주는 현대물리학, 그리고 양자역학과 함께 현대물리학의 기둥을 이루는 상대성 이론 등을 배우게 됩니다. 또 수리물리학 과목이 있기는 하지만, 물리학과 학생들이 알아야 하는 미분방정식, 선형대수학, 해석학 등의 수학과 과목을 별도로 공부하기도 하고요.

또 다른 중요한 과목은 실험입니다. 물리학과에서는 반드시 기초적인 실험을 직접 수행해 보도록 하고 있습니다. 대학에서 하는 실험은 중력 가속도를 측정하거나 파동의 간섭을 관찰하고, 전자기 유도 현상을 확인하는 등 고전역학 및 전자기학과 관련된 실험이나, 플랑크 상수를 측정하고 레이저를 활용하거나 여러 가지 물성을 관측하는 등 현대물리학의 여러 양상을 경험하는 실험이 있습니다.

마지막으로 학생들이 앞으로의 진로를 찾는 데 도움이 되는, 현재 연구되는 각 분야의 개론에 해당하는 과목들이 있습니다. 물질의 가장 근본적인 원리를 찾는 입자물리학, 원자핵을 연구하는 원자핵물리학, 물질의 성질을 연구하는 응집물질물리학 혹은 고체물리학, 원자나 분자 수준에서 일어나는 현상을 연구하는 원자 및 분자물리학 등이 그러한 과목입니다.

학교에 따라서는 천체물리학, 우주론, 양자 정보 물리학, 레이저 광학, 반도체물리학, 플라스마 물리학, 생물물리학 등과 같이 좀 더 세분화된 과목들을 가르치기도 합니다. 이러한 과목은 진로 선택에 도움을 주기 위한 것이기도 하지만, 현재 연구되는 분야에 대한 전문적 교양이기도 합니다. 그래서 이러한 과목을 공부하는 것은 현대 문명의 최전선을 경험하는 일이라고 할 수 있지요.

물리학은 모든 과학과 공학의 기초예요

물리학을 공부해서 물리학자가 되고 싶은 사람은 대학원에 진학해서 더욱 깊이 공부하게 됩니다. 물리학과의 대학원에서는 고전역학, 전자기학, 양자역학, 열 및 통계물리학의 핵심 과목을 심화해서 가르칩니다. 이들 과목이 물리학에서 얼마나 중요한 기초인지를 잘 알 수 있지요. 그리고 각자의 전공 분야를 정해서 관련 과목들을 공부하게 됩니다.

현재 물리학에서 연구하는 분야는 앞에서 대략 소개했습니다만, 대학원에서 연구할 때는 훨씬 구체적인 주제를 정하게 됩니다. 이렇게 연구 주제를 정하는 단계에서부터는 학과의 교수들이 어떠한 분야를 연구하는지가 중요하며, 분야에 따라 공부하는 내용이 달라집니다. 그러므로 특정 분야에 관심이 있거나, 특정 분야를 연구하겠다는 목표가 있다면 지도해 줄 교수가 누가 있는지를 반드시 확인해야 합니다. 바꿔 말하면, 대학원에서 연구 주제를 정하기 전까지는 전공 분야에 상관없이 물리학과에서 배우는 내용은 큰 차이가 나지 않습니다.

반드시 물리학자가 되지 않더라도 이공계 분야의 진로를 택한다면 물리학은 매우 좋은 선택입니다. 물리학이 모든 과학의 기초이니만큼 대학에서 배우는 물리학과 과목은 과학과 공학을 공부하는 모두에게 기초 지식이 되기 때문입니다. 그중에서도 전자공학과 IT 기술은 현대물리학을 기초로 하는 분야이므로 물리학을 공부한 사람에게 절대적으로 유리합니다. 전자공학과 IT 기술은 우리나라가 특히 강한 분야이므로 물리학을 공부한 사람이 앞으로도 많이 필요하고, 크게 활약할 기회가 많을 것입니다. 우리나라가 오늘날 반도체 강국이 된 데에는 물리학을 공부한 사람들의 역할이 매우 크다고 생각합니다.

물리학자가 물리학이 아닌 분야에서
노벨상을 받기도 하나요?

물리학이 다른 학문보다 더 기초적인 학문이라는 말을 여러 번 했는데, 아무래도 실감이 나지 않을지도 모르겠습니다. 그래서 한 가지 예를 들어보겠습니다. 다음 사람들의 공통점이 무엇인지 한번 맞혀 보시기 바랍니다. 어니스트 러더퍼드, 피터 디바이, 게르하르트 헤르츠베르크, 프랜시스 크릭, 월터 길버트, 월터 콘, 얀 틴베르헌, 조지프 로트블랫, 피터 맨스필드. 들어본 적 있는 이름이 있나요? 대부분 좀 낯선 사람들이지요? 물론 이 자리에서 내는 문제니까 한 가지 공통점은 금방 눈치채셨을 줄 압니다. 모두 물리학자입니다. 그럼 더 중요한 또 하나의 공통점은 무엇일까요?

답은 "물리학자이면서 물리학 아닌 분야에서 노벨상을 받은 사람들"입니다. 어니스트 러더퍼드(Ernest Rutherford, 1871~1937)는 1908년, 피터 디바이(Peter Debye, 1884~1966)는 1936년, 게르하르트 헤르츠베르크(Gerhard Herzberg, 1904~1999)는 1971년, 월터 길버트(Walter Gilbert, 1932~)는 1980년, 월터 콘(Walter Kohn, 1923~2016)은 1998년 노벨 화학

• 런던 대학교에서 물리학을 공부한 프랜시스 크릭은 제2차 세계대전이 끝난 후 생물학을 공부해서
물리학과 생물학이 만나는 분자생물학이라는 분야의 선구자가 되었고,
DNA의 이중나선 구조를 밝혀내 1962년 노벨 생리의학상을 받았습니다. •

상을 받았습니다. 20세기 초만 해도 화학은 물리학과 겹치는 부분이 많
았기 때문에 물리학자가 화학상을 받는 것은 그리 놀랄 일이 아니라고
할지도 모르겠습니다. 한편 프랜시스 크릭(Francis Crick, 1916~2004)은
1962년, 피터 맨스필드(Peter Mansfield, 1933~2017)는 2003년 노벨 생리
의학상을 받았습니다.

그 외에도 얀 틴베르헌(Jan Tinbergen, 1903~1994)은 1969년 노벨 경제
학상, 조지프 로트블랫(Joseph Rotblat, 1908~2005)은 1995년 노벨 평화상
을 받았습니다. 그러니까 물리학자들은 노벨 문학상을 제외한 전 분야에
서 노벨상을 받은 겁니다.

이렇게 분야를 넘나드는 게 당연해 보이나요? 역사를 살펴보면 그 반대의 경우, 그러니까 화학자나 생물학자, 경제학자가 노벨 물리학상을 받은 예는 단 하나도 없습니다. 굳이 말하자면 노벨 물리학상과 화학상을 모두 받은 마리 퀴리가 있기는 하지만요. 자기 분야에서 노력해도 노벨상을 받기란 보통 어려운 일이 아닌데 다른 분야에서 노벨상을 그리 쉽게 받을 리가 없지요. 위의 결과는 물리학자 개인이 뛰어나서라기보다, 물리학이 그만큼 더 기초적인 분야라는 의미입니다.

그럼 물리학자가 아니면서 노벨 물리학상을 받은 사람은 없을까요? 사실은 있습니다. 재미있게도 이 사람들은 모두 전기 및 전자공학을 연구하는 사람들입니다. 파란색 LED를 발명해서 2014년 노벨 물리학상을 받은 일본의 나카무라 슈지(中村 修二, 1954~)를 비롯해서 집적회로(IC)를 발명해 2000년 노벨 물리학상을 받은 미국의 잭 킬비(Jack Kilby, 1923~2005) 등이 그런 사람들입니다. 이 결과는 물리학이 IT 기술과 얼마나 밀접한 관련이 있는지 보여 주는 예라고 해야 할 듯하네요.

물리학은 어떻게 시작되었나요

처음부터 '물리학'이라는 학문이 존재한 것은 아닙니다. 아마도 옛날 사람들은 우리가 사는 세계가 어떻게 이루어져 있는지 궁금하게 생각하고 이모저모 생각해 보았겠지요. 왜 해와 달은 항상 동쪽에서 떠서 서쪽으로 질까? 왜 계절은 바뀌고 반복될까? 이렇게 자연의 모습을 궁금해하면서 물리학이 시작되었습니다.

중세를 지나 근대에 이르러 과학혁명이 일어났고, 우리가 아는 물리학이라는 학문이 성립되었습니다. 이제부터 근대적인 물리학이 어떻게 발견되고 발전해 왔는지 살펴보겠습니다.

자연철학자
옛사람들은 세상을 어떻게 보았을까요?

아득한 옛날, 지성이란 것이 처음 생겨났을 무렵 인간이 가장 처음으로 파악한 자연의 규칙성은 무엇이었을까요? 우리는 이미 자연법칙과 과학 이론을 잔뜩 들어서 알고 있습니다. 자연 현상에는 일정한 규칙이 있고, 그런 규칙을 체계적으로 정리해 놓은 것이 자연법칙입니다. 하지만 지금처럼 정립된 지식이 없는 고대의 사람들은 자연법칙이라는 생각도 가지지 못했을 것입니다. 그렇다고 해도 자연 현상으로부터 어떤 규칙성과 일정한 패턴은 느낄 수 있었겠지요. 그렇다면 그들은 어디에서 규칙성을 느꼈을까요?

과학은 자연에서 규칙을 찾는 데서 출발했어요

아마도 누구나 느꼈을 자연의 규칙성은 밤과 낮이었을 겁니다. 시간이 지나면 밝았던 세상이 어두워지고, 어두워진 채로 또 시간이 얼마 지나면 밝아집니다. 이는 동물들도 본능적으로 아는 일입니다. 그래서 밤이 되면 둥지를 찾아가거나, 반대로 사냥을 나서기도 합니다. 이러한 밤과 낮이 바뀌는 규칙성을 의식적으로 깨닫는 것이 자연에 대한 최초의 지적인 활동이었을 것입니다.

그다음으로는 어디에서 규칙성을 찾을 수 있을까요? 일단 규칙성을 찾겠다는 생각으로 주위를 둘러보면 많은 현상이 있습니다. 우선 태양의 움직임도 제멋대로가 아니라 항상 같은 쪽에서 떠서 한 방향으로 움직이고 늘 같은 쪽으로 집니다. 달도 마찬가지입니다. 게다가 달의 모습은 매일 조금씩 변합니다. 하루 사이에는 큰 차이를 못 느낄 수 있지만 사흘 정도만 지나도 달의 모양은 분명 달라집니다. 그렇게 약 30일을 주기로 모양의 변화를 반복하지요.

게다가 밤에 자세히 보면 태양과 달 외에도 몇몇 별들은 비슷하게 회전 운동을 합니다. 고대의 밤하늘은 지금과는 비교도 되지 않게 별들이 잘 보였을 것이므로, 어떤 사람들이 밤에 별들의 움직임을 보는 데 특별히 매력을 느꼈다고 해도 이상한 일이 아닙니다. 그래서 사람들은 별에 이야기를 부여하고, 별에서 삶과 우주의 비밀을 찾으려고 했습니다.

인간의 삶이라면 몰라도, 우주의 비밀을 별에서 찾는 것은 옳은 방향이었습니다. 서양의 역사에 기록된 가장 오래된 자연철학자인 탈레스(Thales, 기원전 625?~546?)는 천문학 지식을 터득하고 독자적으로 발전시킨 사람이기도 합니다. 탈레스가 살던 지역은 그리스 사람들이 에게해 건너편에 개척한 식민지로, 지금은 튀르키예에 속하며 당시에는 이오니아라고 불리는 지방이었습니다. 지도를 보면 알 수 있듯 이오니아는 아시아 대륙에서 유럽으로 가는 끝에 위치합니다. 그래서 인도와 중국의 고대문명이 서양으로 전해지는 통로였고 서양의 고대 철학이 시작되는 곳이었습니다. 탈레스도 이렇게 동양에서 전해진 천문학 지식을 습득했을 것입니다.

근대 이전에는 우리가 지금 말하는 과학에 해당하는 활동을 '자연철학'이라고 불렀습니다. 자연철학이란 앞에서 설명한 것처럼 '인간이 지성으로 자연을 파악하는 일'을 뜻하지요. 근대 과학을 완성한 인물인 뉴턴도 자신의 일을 자연철학이라고 불렀습니다. '과학(science)'이라는 말은 중세

• 최초로 천문학 지식을 터득한 탈레스가 살던 이오니아 지역 •

이후에 만들어져서 좀 더 일반적인 학문이나 지식이라는 의미로 쓰이다가, 18세기에 이르러서야 지금 우리가 생각하는 것과 비슷한 의미로 쓰이게 됩니다.

탈레스가 살던 기원전 6세기의 이오니아 지방에는 탈레스 외에도 아낙시만드로스, 아낙시메네스 등의 여러 자연철학자가 활동했습니다. 여러분이 수학 시간에 들어서 익숙한 이름일 피타고라스 역시 이 시기 이오니아 앞바다의 사모스섬 사람입니다. 그 밖에도 그리스와 그리스의 여러 식민지에서 학문을 닦는 사람들이 나타났습니다.

이 책에서 고대 자연철학을 전부 소개할 수는 없으므로, 한 사람의 이름만 더 소개하도록 하겠습니다. 바로 에게해 북쪽 그리스 변방의 압데라라는 지방 출신의 데모크리토스(Democritus, 기원전 460~380)입니다. 데모크리토스는 고대의 자연철학자 중에서 현대의 과학자들과 가장 비슷한 방식으로 생각한 사람입니다. 그 방식이란 세상이 물질로 이루어졌으며, 물질 자체의 법칙에 의해 돌아간다는 생각, 소위 '유물론'이라고 부르는 생각이지요. 특히 데모크리토스와 그가 이끄는 학파는 물질의 근원이 아주 작은 입자라고 생각하고, 이를 더 이상 나누어지지 않는 것, 곧 원자(atomos)라고 불렀습니다.

천문학은 농사와 어업을 위해 발전한 학문이에요

천문학은 단지 지성을 갈고 닦기 위해서 발달한 학문이 아닙니다. 사실 천문학은 실용적인 목적으로 발달했습니다. 달력을 만들어 농사에 이용하고, 어업이나 항해에 참고하기 위해서지요. 농사를 짓기 위해서는 계절을 느끼는 것을 넘어서 그 규칙을 제대로 알고 있어야 합니다. 그래야 언제 씨를 뿌리고 열매를 보관해야 하는지 알 수 있을 테니까요. 어부는 언제 밀물이 들어오고 썰물이 나가는지 알아야 하고요. 잘 알려져 있다시피 밀물과 썰물은 달의 움직임과 깊은 관련이 있습니다. 또한 지상에서와 달리 바다에 나가면 방향과 시간을 파악하기가 어렵습니다. 그래서 항해하는 사람들에게 별은 방향을 알려 주는 귀중한 지표였지요. 이런 이유로 천문학은 지금 우리가 과학이라고 부르는 분야 중에서 가장 먼저 발전했습니다. 그래서 동서양을 막론하고 고대 사회에는 국가의 중요한 위치에 천문학자가 있었습니다.

서양의 고대 천문학 역사를 살펴보면 로마 제국 안토니우스 황제 시대 사람인 프톨레마이오스(Ptolemaeus, 기원후 100~170)가 특히 두드러집니다. 그는 이전의 천문학자들의 업적을 압도하는 훌륭한 체계를 만들었습니다. 수학자이자 천문학자였던 그는 알렉산드리아 박물관에서 일했는데, 그때까지의 천문학 자료를 모두 모으고 이전의 아리스토텔레스의 체계를 개선해서 '천문학의 집대성'이라는 책을 펴냈습니다. 이 책은 아랍에 전해져서 《알마게스트》라는 제목으로 번역되었고, 유럽에는 이 번역본이

독일의 수학자이자 천문학자였던 레기오몬타누스가 15세기에 집필한 책
《프톨레마이오스의 알마게스트 요약본》을 보면
다른 천체들이 지구를 중심으로 돌고 있다는 천동설을 알 수 있습니다.

전해져서 알려졌기 때문에 지금도 이 제목으로 불립니다.

《알마게스트》에 실린 별의 목록은 당대에 만들어진 것 중 가장 훌륭했습니다. 또한 해와 달, 별들의 운행을 설명하는 프톨레마이오스의 이론이 소개되어 있었지요. 그의 이론에 의하면 지구를 중심으로 태양과 달은 각각 자신의 궤도를 돌고, 태양계의 다른 행성들은 각자의 궤도를 좀 더 복잡한 방식으로 돕니다. 여러분도 잘 아시겠지만, 이렇게 다른 천체들이 지구를 중심으로 돌고 있다는 생각을 천동설이라고 합니다.

사실 천동설도 하나가 아니라 여러 가지 다른 이론이 있습니다. 프톨레마이오스의 이론도 그중 한 가지입니다. 여기서 자세히 설명하지는 않겠지만, 사실 프톨레마이오스의 체계는 단순하지 않습니다. 고대 사람들도 이미 천체의 움직임을 엄청나게 정확하게 관측하고 있었으므로 천체들이 대충 원을 그리며 돈다고 생각해서는 도저히 관측 결과를 맞출 수 없었기 때문입니다. 어쨌든 프톨레마이오스의 천문학 체계는 당대의 어떤 다른 천문학 체계보다도 (물론 모두 다 천동설이었습니다) 잘 맞았기 때문에 그 후 1,000년도 넘게 사람들을 이끌었습니다.

과학혁명
물리학은 어떻게 본격적인 학문이 되었을까요?

'물리학'이라는 말은 고대 그리스에서 '자연에 대한 지식'이라는 뜻으로 사용되었습니다. 그러니 앞에서 보았듯 물리학은 인간이 지성을 발휘해 주변의 자연을 이해하려고 할 때부터 시작되었다고 할 수 있습니다. 이제부터는 우리가 오늘날 '물리학'이라고 부르는 학문, 즉 근대 물리학에 대해서 이야기해 보도록 하겠습니다.

근대 과학으로서의 물리학은 갈릴레이와 뉴턴의 시대인 17세기에 시작되었다고 할 수 있습니다. 여러분도 갈릴레이가 종교재판을 받고 나서 "그래도 지구는 돈다."라고 말했다는 이야기를 들어 본 적이 있을 것입니다. 이 이야기는 종교에서 과학으로 주도권이 넘어가는 장면을 상징하는 것처럼 보이지요. 하지만 이는 후대에 덧붙인 이야기일 뿐, 갈릴레이가 정말로 그렇게 말했으리라고는 생각되지 않습니다.

그렇다면 이 시대에 실제로 어떤 일이 일어났는지 알아보겠습니다.

'코페르니쿠스적 전환'이 무슨 의미일까요

코페르니쿠스라는 이름을 들어보셨나요? 이전과는 전혀 다른, 혁신적이고 새로운 생각을 표현할 때 '코페르니쿠스적 전환'이라는 표현을 쓰지요. 코페르니쿠스가 도대체 어떤 생각을 했기에 저런 표현이 생겼을까요? 우선 코페르니쿠스는 어떤 사람이었는지부터 알아봅시다.

코페르니쿠스(Nicolaus Copernicus, 1473~1543)는 1473년 폴란드에서 태어난 사람입니다. 처음에는 폴란드에서 교육을 받았고, 나중에는 볼로냐 대학교에서 천문학자인 도메니카 마리아 노바라의 조수가 되어 천체를 관측하기 시작했습니다. 한편으로는 파도바 대학교에서는 의학을 공부했고 페라라 대학교에서 교회법 박사 학위를 받았지요. 이렇게 코페르니쿠스는 관심의 폭도 넓고 아주 다양한 공부를 즐겼던 사람이었습니다. 독일어와 폴란드어는 물론, 라틴어, 그리스어, 이탈리아어도 두루 할 수 있었다고 해요. 박사학위를 받은 후 코페르니쿠스는 폴란드로 돌아와 프롬보르크라는 곳에 작은 천문대를 짓고 죽을 때까지 그곳에서 살며 천체를 관찰했습니다.

그는 죽기 직전에 자신의 연구 결과를 집대성해서 《천체의 회전에 관하여》라는 책을 펴냈는데, 바로 이 책이 코페르니쿠스의 이름을 역사에 길이길이 남게 해주었습니다. 이 책에서 코페르니쿠스는 수많은 관측 결과를 간단히 설명할 수 있는 이론을 제시합니다. 그 이론이란 지구가 우주의 중심이 아니라 태양이 우주의 중심이며, 달을 제외하고 지구를 비롯한 다른 천체들은 태양의 주위를 돌고 있다는 생각이었습니다. 바로 지동설이지요.

이전까지 사람들은 천동설을 믿었습니다. 지구를 중심으로 태양과 달과 다른 별들이 돌고 있다는 생각이지요. 이런 생각은 사람들이 지구에서 보는 자연의 모습과

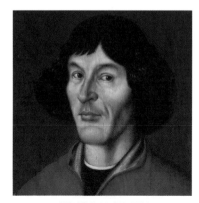

• 니콜라우스 코페르니쿠스 •

그대로 일치합니다. 그리고 천문학자들이 천동설을 좀 더 정교하게 다듬으면서 우리가 밤에 관찰하는 별의 움직임을 꽤 잘 맞추었습니다.

코페르니쿠스의 체계 역시 관측 현상을 잘 설명했습니다. 또한 천동설에 비해 큰 장점을 가지고 있었지요. 바로 이론이 매우 간단하다는 점입니다. 앞에서도 말했지만 프톨레마이오스의 천문학은 엄청나게 복잡했습니다. 다른 행성들은 본래의 궤도 위의 한 점을 중심으로 도는 주전원이라는 새로운 궤도 위에 있어야 했고, 주전원의 위치 또한 매우 까다로운 조건을 만족시켜야 했습니다. 게다가 관측한 모습과 일치시키기 위해 궤도의 크기 및 순서를 일일이 조정해야 했습니다. 하지만 코페르니쿠스의 천문학은 지구의 자전과 공전으로 여러 특별한 상황들이 거의 다 설명됩니다.

그러나 코페르니쿠스의 체계 역시 여러 문제점을 가지고 있었습니다. 이 천문학 체계는 관측 현상을 그런대로 잘 설명하긴 했지만, 프톨레마이오스의 결과보다 더 정확하지는 않았습니다. 왜냐하면 코페르니쿠스는

17세기 네덜란드의 안드레아스 셀라리우스가 쓴
《하모니아 마크로코스미카》를 비롯한
당대의 여러 저서에는 천동설을 표현한 그림을 볼 수 있습니다.

새로운 자료가 아니라 프톨레마이오스가 수집한 자료를 가지고 작업을 했기 때문입니다. 또한 코페르니쿠스는 지구의 자전축이 기울어져 있고, 지구의 궤도가 원이 아니라 타원이며 그로 인해 속도가 일정하지 않다는 것을 모르고 있었기 때문에 관측 결과와 차이가 날 수밖에 없었습니다.

이런 문제점에도 불구하고 코페르니쿠스의 체계는 곧 동료 천문학자들 사이에서 인기를 얻기 시작했습니다. 무엇보다도 이론이 더 단순해서 계산을 훨씬 쉽게 해주었기 때문입니다. 실제로 천동설을 믿느냐 지동설을 믿느냐는 다른 문제였습니다. 일부 목사들이 성경을 근거로 코페르니쿠스를 비판하기는 했지만, 처음에는 코페르니쿠스의 생각이 탄압받는 일은 없었습니다.

사실 지동설을 처음 생각한 사람은 코페르니쿠스가 아닙니다. 기원전 3세기경 그리스의 자연철학자인 아리스타르코스가 남긴 저술을 보면, 일식과 월식 그리고 달의 모습을 수학적으로 연구해서 태양이 지구와 달보다 훨씬 크다는 것을 밝히고 있습니다. 따라서 그는 지구가 커다란 태양의 둘레를 돈다고 생각했습니다. 그러니까 이미 고대 그리스에 지동설이 존재했던 것입니다. 하지만 이 생각은 그 후 더 발전하지 못하고 거의 묻혀 있었습니다. 코페르니쿠스는 아리스타르코스의 생각을 좀 더 수학적으로 발전시켜 되살린 셈입니다.

행성이 타원을 그리며 돈다는 사실을 밝혀낸 케플러

코페르니쿠스가 활동하던 시대에는 코페르니쿠스의 이론보다 덴마크 출신의 천문학자 튀코 브라헤(Tycho Brahe, 1546~1601)의 이론이 더 중요하게 여겨졌습니다. 튀코 브라헤는 태양과 달이 지구의 주위를 돌고, 다른 행성들은 태양을 중심으로 돈다는 이론을 주장했습니다. 그러니까 천동설의 또 다른 버전입니다.

튀코 브라헤는 코펜하겐 대학교를 비롯해 독일과 스위스의 여러 대학을 두루 다니며 천문학을 공부했습니다. 타고난 관측가였던 그는 1572년에 새로운 별을 발견해 유명해졌고, 덴마크 왕 프레데리크 2세의 후원을 받게 되었습니다. 왕은 그에게 벤 섬이라는 작은 섬과 과학 연구를 할 수 있는 자금을 대주고, 생계를 뒷받침해 주었습니다. 꿈같은 일이지요? 이 섬에서 그는 천문대를 짓고 조수들을 훈련시켜 관측을 시작했습니다.

튀코 브라헤의 천문 이론은 잘못된 것이었지만, 그의 관측 결과는 17세기에 망원경이 발명되기 전까지 가장 훌륭한 자료였습니

@Matěj Baťha

• 프라하에 서 있는 튀코 브라헤와
그의 제자 요하네스 케플러의 동상 •

다. 아마도 그의 관측 결과는 뒤에 이야기할 갈릴레이의 관측과 함께 인류 역사상 가장 중요한 데이터 중 하나일 것입니다. 왜냐하면 바로 이 관측 결과에서 과학혁명이 시작하기 때문입니다.

그를 후원하던 왕이 죽고 난 뒤 즉위한 다음 왕은 천문학에는 그다지 관심이 없었습니다. 튀코 브라헤는 벤섬을 떠나 여러 곳을 여행하다가 프라하에서, 이번에는 신성로마제국의 황제 루돌프 2세의 수학자가 되었습니다. 튀코 브라헤는 황제에게 바칠 새로운 천체 목록을 만드는 일에 착수했습니다. 당시 튀코 브라헤는 독일의 수학자 요하네스 케플러를 초대해서 함께 연구했는데, 튀코 브라헤가 천체 목록을 완성하지 못하고 사망하자, 케플러가 그의 뒤를 이어 황실 수학자가 되어 천체 목록을 완성했습니다. 하지만 케플러와 튀코 브라헤의 만남은 천체 목록의 완성보다 훨씬 더 엄청난 사건이었습니다. 이 만남을 통해 케플러는 튀코 브라헤의 관측 자료를 얻고, 이로부터 새로운 사실을 발견하게 되거든요.

튀코 브라헤의 뒤를 이어 황실 수학자가 된 케플러는 코페르니쿠스의 지동설을 바탕으로 튀코 브라헤의 방대한 관측 데이터를 설명하고자 했습니다. 하지만 정밀한 관측 데이터를 분석하던 케플러는 이론과 관측 사이에 차이가 있다는 사실을 알게 되었습니다. 이를 해결하기 위해 연구를 거듭한 결과, 케플러는 지금까지의 모든 이론을, 심지어 코페르니쿠스조차도 당연시했던 생각을 바꿔야 한다는 것을 깨달았습니다. 바로 행성이 그리는 궤도가 원이 아니라 타원이라는 점입니다.

지금 우리는 행성의 궤도가 타원이라는 사실을 이미 알기 때문에 이 생

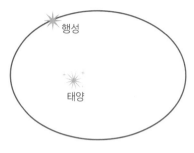

· 케플러가 밝혀낸 행성의 타원 궤도 ·

각이 얼마나 엄청난지 실감하기 어렵습니다. 하지만 우리도 원이 다른 도형보다 훨씬 단순하다는 사실은 잘 알고 있지요. 옛날 사람들은 이러한 원의 단순성을 완전성으로 받아들였기 때문에, 이 세상의 모습이 완전성에서 멀어진다는 것은 납득할 수 없는 일이었습니다. 완전성에서 멀어져 임의의 요소가 끼어들면, 우리가 이를 제어할 수 없다고 생각했기 때문입니다. 또한 신이 만든 세상이 완전한 원이 아니라 불완전한 타원으로 되어 있다는 사실을 받아들일 수 없다는 점이 당대에는 더 중요하고 직접적인 이유였을지도 모릅니다.

케플러는 《새 천문학》, 《세계의 조화》 등의 여러 저서를 통해 자신의 새로운 이론을 설명했습니다. 그 내용을 간략히 정리하면 이렇습니다. 행성의 궤도는 태양이 한쪽 초점에 있는 타원이고, 행성의 속도는 태양 근처에서는 빨라지고 먼 곳에서는 느려집니다. 그리고 행성이 궤도를 도는 주기는 궤도의 크기와 일정한 관계가 있지요. 이런 내용을 우리는 '행성 운동에 대한 케플러의 세 법칙'이라고 배웁니다.

케플러의 법칙은 행성이 왜 그렇게 움직이는지 설명하지는 않습니다. 그저 데이터를 수학적으로 표현하면 이렇다고 말할 따름입니다. 데이터에서 나타나는 일정한 패턴, 일정한 법칙을 찾아서 보여 주는 것이지요. 이러한 법칙을 현상적인 법칙이라고 부릅니다. 그저 데이터 속에서 찾아낸 법칙이지만, 케플러의 이론은 이전의 어떤 체계보다도 단순하면서도 정확하게 행성의 움직임을 예측할 수 있습니다.

목성이 위성을 지니고 있다는 게 왜 그리 중요할까요

지동설에 관해서 가장 유명한 일화는 갈릴레이가 종교재판을 받고 나서 "그래도 지구는 돈다."라고 말했다는 이야기일 것입니다. 그런 일이 실제로 일어났으리라고는 생각되지 않지만, 갈릴레이는 지동설을 확립하는 데 가장 중요한 역할을 했습니다. 갈릴레이가 지동설에 대한 실증적인 증거를 최초로 제시했거든요.

갈릴레이 역시 코페르니쿠스의 체계를 지지하고 있었고, 서신을 통해 케플러와 의견을 나누기도 했습니다. 파도바 대학교에서 수학을 가르치던 갈릴레이는 우연히 망원경이라는 새로운 발명품을 접하고 나서 금방 그 구조를 이해하고 타고난 손재주로 성능이 뛰어난 망원경을 제작했습니다. 파도바 대학교는 당시 지중해의 바다를 지배하던 베네치아 공화국에 속해 있었습니다. 배에서 망원경이 얼마나 유용한 장비일지는 여러분도 쉽게 상상할 수 있을 것입니다. 그래서 갈릴레이가 만든 망원경은 공화국 정부의 커다란 환영을 받았습니다. 전해지기로는 갈릴레이의 월급이 무려 세 배로 올랐다고 합니다.

한편 갈릴레이는 망원경이 과학 연구에도 크게 도움이 되리라는 것도 예상했습니다. 그래서 자기가 만든 망원경 중에 제일 성능이 좋은 것을 자기 것으로 빼놓았지요. 이 망원경을 가지고 갈릴레이는 1609년 11월 20일부터 달을 관측하기 시작했습니다. 날짜까지 명시한 이유는, 천문학의 역사에서도 갈릴레이의 달 관측이 특별히 중요한 사건이기 때문입니다. 그래서 국제천문연맹과 유네스코는 갈릴레이가 관측을 시작한 해의 400주년을 기념해서 지난 2009년을 '세계 천문의 해'로 선언하고 이를 기념했습니다.

갈릴레이는 망원경으로 천체를 관찰해서 곧 여러 중요한 결과를 얻었습니다. 그중 중요한 내용은 다음의 발견들입니다.

(1) 달의 표면이 울퉁불퉁하다는 것.
(2) 목성에 위성이 (여럿) 있다는 것.
(3) 금성도 달처럼 모습이 변한다는 것.

고대인들은 천체, 즉 하늘에 있는 태양이나 달, 별은 우리가 사는 지구와는 다른 무엇이라고 생각했습니다. 그러니까 달은 빛나는 하얀 공이라고 생각했지요. 그런데 달의 표면이 울퉁불퉁하다는 건, 달도 지구처럼 산도 있고 골짜기도 있다는 말입니다. 그렇다면 달과 같은 천체가 지구와 다르다고 생각할 필요가 있을까요?

목성의 위성을 발견한 사건은 특히 중요하고도 극적인 일입니다. 처음

dentalis proxima min. 2. ab hac vero elongabatur oc-

Ori.   * ○ *   *   Occ.

cidentalior altera min: 10. erant præcisè in eadem re-
cta, & magnitudinis æqualis.
    Die quarta hora secunda circa Iouem quatuor sta-
bant Stellæ, orientales duæ, ac duæ occidentales in

Ori.   * *○ *   *   Occ.

eadem ad vnguem recta linea dispositæ, vt in proxi-
ma figura. Orientalior distabat à sequenti min. 3. hęc
verò à Ioue aberat min. 0. sec. 40. Iuppiter à proxima
occidentali min. 4. hæc ab occidentaliori min. 6. ma-
gnitudine erant ferè æquales, proximior Ioui reliquis
paulo minor apparebat. Hora autem septima orien-
tales Stellæ distabant tantum min. 0. sec. 30. Iuppiter

Ori.   ** ○   * *   Occ.

ab orientali viciniori aberat min. 2. ab occidentali ve-
rò sequente min. 4. hæc verò ab occidentaliori dista-
bat min. 3. erantque æquales omnes, & in eadem recta
secundum Eclypticam extensa.
    Die quinta Cœlum fuit nubilosum.
    Die sexta duæ solummodo apparuerunt Stellæ me-

Ori.   * ○ *   Occ.

dium

갈릴레이는 저작 《시데레우스 눈치우스》에
목성과 그 위성을 관찰한 결과를 남겼습니다.

에 갈릴레이는 목성 근처에 세 개의 작은 별을 발견했는데, 이들은 시간이 지나도 여전히 목성 근처에 있으면서 위치가 계속 변했습니다. 작은 별은 세 개가 아니라 네 개였는데, 어떤 날에는 세 개만 보이고, 어떤 날에는 두 개만 보이기도 했습니다. 이를 두고 갈릴레이는 작은 별들이 목성의 주위를 도는 위성이라고 결론 내렸습니다. 이 사실은 지구가 아닌 다른 천체의 주위를 도는 별도 있다는 것을 말해 줍니다.

갈릴레이는 자신이 발견한 목성의 네 위성을 '메디치의 별'이라고 불렀습니다. 메디치는 갈릴레이의 고향인 토스카나 공국을 지배하는 가문의 이름이었습니다. 갈릴레이는 고향으로 돌아가 더 높은 지위를 얻고 싶어서 도시의 지배자에게 아부를 한 것입니다. 물론 지금은 이 위성들은 그 이름이 아니라 그리스 신화에서 나온 이름인 이오, 유로파, 가니메데, 칼리스토로 불립니다.

금성의 모습이 달처럼 둥근 모습이었다가 이지러지고 다시 둥글어지기를 반복한다는 사실은 프톨레마이오스의 이론이 틀렸다는 직접적인 증거였습니다. 프톨레마이오스의 이론에서도 금성의 모양이 변할 수는 있지만 달처럼 모든 모양이 나오지는 않기 때문입니다.

갈릴레이는 그의 관측 사실을 여러 권의 책으로 발표했습니다. 그러면서 차츰 교회와 관계가 나빠졌지요. 교회는 1615년에 공식적으로 코페르니쿠스의 이론을 이단이라고 선언했고, 갈릴레이는 종교재판에서 더 이상 코페르니쿠스의 이론을 지지하지도, 가르치지도 말라는 명령을 받았습니다. 그래도 갈릴레이는 다음 교황과 친분이 있었기에, 얼마 후 《대화》라는 책을 펴냈습니다. 여기에서 갈릴레이는 코페르니쿠스 체계를 대표하는 인물이 프톨레마이오스 체계를 대표하는 인물과의 논쟁에서 승리하는 모습을 보여 줍니다. 이 책을 출간한 일이 결정적인 문제가 되어 1933년 갈릴레이는 정식으로 재판을 받습니다. 갈릴레이는 유죄 판결을 받았고, 죽을 때까지 감금당하는 형벌을 받았습니다. 그 유명한 "그래도 지구는 돈다."라는 말은 이 재판 후에 했다고 알려져 있지요.

감금이라고 해도 갈릴레이가 끔찍한 감옥에서 지낸 것은 아닙니다. 마음대로 밖으로 나갈 수는 없었지만, 갈릴레이는 피렌체의 집에서 죽을 때까지 연구를 계속하다가 세상을 떠났습니다. 교황청은 1992년에 이르러서야 오류를 인정하고 갈릴레이가 정당하다고 선언해, 갈릴레이의 명예를 회복시켰지요.

갈릴레이는 종종 근대적인 과학을 처음 시작한 사람으로 불립니다. 갈릴레이의 연구 방식이 지금 우리가 과학이라고 부르는 활동에 가깝기 때문입니다. 갈릴레이는 실험과 관측에 의한 증거를 가장 중요하게 생각했고, 과학 이론이란 자연 현상을 수학을 통해 표현하는 것이라고 생각했습니다. 그런 생각은 갈릴레이가 남긴 이 말에 잘 표현되어 있지요.

"우주라는 거대한 책은 수학의 언어로 쓰여 있다."

뉴턴은 자연법칙을 수학의 언어로 정리했어요

지금까지 과학의 역사에서 중요한 사람들의 업적과 생각의 흐름을 따라왔습니다. 물론 이런 생각을 한 사람들이 여기 언급한 사람들만 있었던 것은 아닙니다. 코페르니쿠스의 이론이 옳다고 생각한 사람은 갈릴레이 외에도 많이 있었고, 갈릴레이에게는 제자도 많았으며, 케플러도 여러 학자와 자신의 법칙에 대해 논쟁을 벌였습니다. 이런 과정을 거쳐서 새로 관측된 사실이 널리 알려졌고, 새로운 사고방식이 널리 확산되었습니다.

지금까지 말한 새로운 사고방식을 정리하자면 다음과 같습니다.

(1) '왜' 그런지를 설명하지 않고 '어떻게' 그렇게 되는지를 서술한다.
(2) 자연법칙을 수학으로 나타낸다.
(3) 이론은 실험이나 관측에 의해 검증한다.

이 새로운 생각이 바로 오늘날 우리가 과학이라고 하는 사고방식입니다. 일단 이런 생각이 자라나자 인간이 자연을 보는 눈이 크게 바뀌었지요. 그리고 자연에서 일어나는 일을 설명하는 능력이 놀라울 정도로 향상되었습니다. 이런 생각을 기반으로 하는 실용적 합리주의자들이 늘어났고, 이들은 과학적 방법을 실천해서 지식을 얻고 적용했습니다. 이러한 과정을 과학혁명이라고 부릅니다.

이렇게 우리는 과학혁명이 진행되는 과정을 지켜보았습니다. 이제 혁명이 절정에 다다르는 모습을 보도록 합시다.

과학혁명은 영국의 아이작 뉴턴에 의해 완성되었습니다. 뉴턴은 갈릴레이가 죽은 해에 태어났습니다. 뉴턴의 집은 시골에서 조그만 농장을 했는데, 아버지가 뉴턴이 태어나기 직전에 돌아가셔서 어려움을 겪었습니다. 그런데도 뉴턴은 농사일을 싫어해서 어머니가 시킨 일을 늘 엉망으로 했다고 합니다. 다행히도 성직자인 외삼촌과 뉴턴이 나온 학교의 교장 선생님이 뉴턴의 어머니를 설득해서 대학에 가게 됩니다. 케임브리지 대학교의 트리니티 칼리지에 들어간 뉴턴은 그때부터 그곳에서 30년이 넘는 세월을 보냅니다.

영국 대학의 칼리지는 우리가 생각하는 단과 대학과는 다른 제도입니다. 매우 독특한 제도인데, 쉽게 말하자면 대학 안의 공동체라고 할 수 있지요. 교수와 학생들은 특정 칼리지에 속해서 숙소와 식당을 함께 사용하며, 일종의 커뮤니티를 이룹니다. 칼리지 안에서 서로 공부를 도와주기도 하고, 여러 활동을 하기도 하지요. 뉴턴이 속했던 트리니티 칼리지는 영국의 명문 대학인 케임브리지와 옥스퍼드 대학교의 여러 칼리지 중에서도 가장 크고, 가장 유명합니다. 케임브리지 대학교에서 배출한 노벨상 수상자가 90명이 넘는데, 그중에서 32개의 노벨상이 트리니티 칼리지에서 나왔을 정도입니다. 그 트리니티 칼리지 출신 중에서도 가장 빛나는 별은 물론 아이작 뉴턴입니다.

뉴턴의 물리학 업적은 크게 세 가지로 이야기할 수 있습니다. 첫째로 물체의 운동에 관한 역학 원리를 발견한 것, 두 번째로 중력의 법칙을 발견

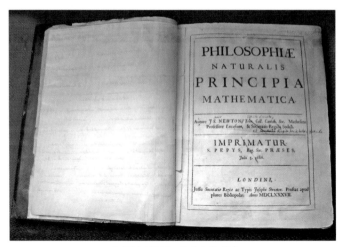

• 아이작 뉴턴의 《프린키피아》 초판 •

한 것, 그리고 세 번째로 광학에 대한 여러 연구 결과입니다. 첫 번째와 두 번째의 업적은 '자연철학의 수학적 원리', 흔히 《프린키피아》라고 부르는 저서에 담겨 있습니다. 아마도 이 책이야말로 인간의 역사에서 가장 중요한 책을 꼽을 때 절대로 빠지지 않을 책일 것입니다. 그리고 이 책의 제목이 '자연철학'이라는 점도 눈여겨봐 둡시다.

뉴턴이 완성한 물체의 운동에 관한 일반적인 역학 원리의 체계는 그때까지 사람들이 관찰하고 추론하고 개발해 온 자연법칙의 정수를 수학적으로 표현한 것입니다. 여러분이 물리학을 배우게 된다면 가장 처음에 배우는 것이 바로 이 뉴턴의 역학입니다. 한편 뉴턴의 중력 법칙은 만유인력의 법칙이라고도 부르는데, 여러분도 어디선가 본 적이 있을 한 줄의 식입니다.

$$F = -\,G\frac{mM}{r^2}$$

이 식은 두 물체 사이에 작용하는 중력(F)을 나타냅니다. γ은 두 물체 사이의 거리고, m과 M은 각각 두 물체의 질량입니다. G는 비례 상수로, 흔히 '뉴턴의 중력상수'라고 부릅니다. 우변의 부호가 (−)인 것은 서로 당기는 힘이라는 뜻입니다.

이 식의 핵심 내용은 한 마디로, '두 물체가 서로 끌어당기는 힘은 거리의 제곱에 반비례한다.'라는 것입니다. 이것이 왜 그리 중요할까요? 이 간단한 식에 역학의 원리를 적용하면 앞에서 말했던 케플러의 세 가지 법칙이 저절로 나오기 때문입니다. 여러분도 물리학을 배우면 곧 알 수 있을 내용입니다. 사실 케플러의 법칙을 유도하는 것 외에도, 이 수식만으로 우리가 관측한 해와 달과 별의 움직임을 이전의 어떤 이론보다 정확하게 예측할 수 있습니다. 그러므로 그 어마어마한 위력에 자연을 연구하던 당대의 학자들이 뉴턴의 이론에 얼마나 감동했을지, 그리고 얼마나 깊이 빠져들게 되었을지 상상하기란 어렵지 않습니다.

지금까지의 과정을 다시 한번 보겠습니다. 먼저 자연을 관찰하고 관측과 실험을 통해 데이터를 얻습니다(튀코 브라헤). 데이터 속에서 특별한 패턴이나 규칙을 발견하고 이를 정리해서 현상론적인 법칙을 얻습니다(케플러). 그리고 마침내 그 안에 깊이 숨겨진 원리를 발견해서 이전의 모든 현상론적인 법칙을 구하고, '모든' 데이터를 설명합니다(뉴턴). 정도의 차이는 있지만, 이야말로 자연과학이 발전하는 전형적인 과정입니다. 특히 17세기에 일어났던 이 과정은 짧은 기간 동안 폭발적으로 전개되었고, 이로 인해 자연을 바라보는 관점과 자연을 대하는 방법이 완전히 달라졌습니다. 그리고 인간과 자연의 관계도 이전과는 같지 않게 되었습니다. 뉴턴에 이르러 과학혁명이 완성된 것입니다.

전기와 자기
자석과 번개가 지닌 힘을 어떻게 연구했을까요?

우리가 일상적으로 느끼는 가장 흔한 힘은 중력입니다. 힘껏 뛰어 봤자 우리는 채 1미터도 올라가지 않아서 다시 땅으로 떨어집니다. 유리컵은 위험하니까 지우개나 볼펜 같은 걸로 대신할게요. 아무튼 이런 물건을 쥐고 있다가 놓으면 곧 바닥으로 떨어집니다. 그뿐 아니라 컵으로 물을 마시는 것도, 펜으로 글씨를 쓰는 것도 다 중력에 의해 일어나는 일입니다. 우리는 늘 중력을 느끼고 그 효과를 보면서 살고 있습니다.

여기서 중력이란, 우리가 지구 위에서 살고 있기 때문에 느끼는 지구의 중력입니다. 이 중력 때문에 우리는 지구 위에서 살 수 있습니다. 중력이 없다면 우리는 땅 위에 붙어 있지 않을 것이고, 우리가 숨 쉬는 공기 역시 우리 주변에 있지 않을 것입니다. 즉, 중력은 우리가 사는 데 필수 불가결한 조건입니다.

뉴턴은 '중력이란 모든 물체가 서로 끌어당기는 힘'이라고 했습니다. 이 말을 한자로 쓴 것이 바로 만유인력(萬有引力)입니다. 그런데 왜 우리는 중력이라고 하면 지구의 중력만을 생각할까요? 앞에서 보았듯이 달이 지구의 주위를 도는 것도, 지구가 태양의 주위를 도는 것도 모두 중력이 작용한 결과입니다만, '모든 물체'가 서로 끌어당기는 힘이라고 했으니 중력은 그렇게 커다란 천체 사이에만 작용하지는 않을 것입니다. 모든 물체가 서로 끌어당긴다면 저기 있는 꽃병과 여기 있는 의자도 서로 끌어당기고 나와 옆에 앉아 있는 친구도 서로 끌어당겨야 할 것입니다. 그런데 왜 그런 일은 일어나지 않을까요? 왜냐하면 중력은 아주 작은 힘이기 때문입니다.

자기력과 중력 중에 어떤 힘이 더 셀까요?

이제 다른 힘을 생각해 봅시다. 중력 말고 우리가 쉽게 볼 수 있는 힘으로 자기력이 있습니다. 자기력은 재미있는 성질을 지녔습니다. 자석의 힘은 거리가 떨어져 있어도 전달됩니다. 또한 종이 뒤에 자석을 놓고 못이나 클립을 붙여 보면 알 수 있듯이, 이 힘은 종이나 천은 물론 플라스틱이나 나무판을 통과해도 전달됩니다. 철과 같은 특정한 종류의 금속은 끌어당기지만 구리나 알루미늄 등은 자석의 영향을 받지 않습니다. 자석끼리는 밀기도 하고 당기기도 합니다. 거리가 떨어져서도 전달되며 다른 물건이 가로막고 있어도 전달된다는 점은 중력과 같지만, 특정한 종류의 물질만을 끌어당긴다거나, 서로 밀어내는 힘도 있다는 점은 중력과 다르지요.

그렇다면 자기력과 중력 중에 어떤 힘이 더 강할까요? 다음의 설명을 읽어 보기 전에 한번 생각해 보세요. 아마 대부분은 중력이 더 강하다고 생각할 거예요. 지구의 중력은 우리 인간뿐만 아니라 동물, 식물, 자동차, 빌딩 등 지구 위의 모든 것을 붙잡아두는 힘이니까요. 하지만 자기력과 중력을 비교하면 자기력이 훨씬 강하답니다.

집에 있는 냉장고에 자석 한두 개쯤은 붙어 있을 것입니다. 장식용 자석도 있을 테고 중국집이나 피자집 배달 전화번호가 적힌 광고용 자석도 있겠지요. 이제 이 자석에 클립을 붙여 봅시다. 클립은 떨어지지 않고 자석에 붙어 있을 것입니다. 우리는 이 상황을 별로 이상하게 생각하지 않습니다. 자석에 클립이 붙는 건 당연한 일이니까요.

하지만 이 현상을 가만히 생각해 봅시다. 이 상황은 클립을 땅에 떨어지게 하는 중력보다 자석의 자기력이 더 강하다는 뜻입니다. 중력이 더 강하다면 클립은 땅에 떨어졌을 것입니다. 여기서 중력이란 지구의 중력이고, 자기력은 냉장고 자석의 힘입니다. 그러므로 이 거대한 지구 전체가 당기는 중력보다 피자집에서 나눠 준 작은 냉장고 자석의 자기력이 더 강한 것입니다. 즉, 본질적으로는 중력이 자기력에 비해 아주 작은 힘이라는 걸 알 수 있지요.

중력은 아주 약한 힘이기 때문에, 지구 정도의 크기가 되어야 비로소 우리는 중력의 크기를 느낄 수 있습니다. 우리 주변에 있는 물건이라고 해봐야 지구의 크기에 비교하면 미미할 뿐이므로, 우리는 옆에 있는 자동차나 앞에 앉은 친구가 우리에게 미치는 중력을 느낄 수 없습니다. 그에 비해

• 자연 상태의 자철석 •

우리는 주변에서 흔히 보는 작은 자석으로도 자기력의 효과를 얼마든지 볼 수 있지요. 그래서 오래전부터 자석은 신비한 힘을 가진 물건으로 여겨졌습니다.

자석은 자연 상태의 철광석에서도 발견되기 때문에 아주 옛날부터 알려져 있었습니다. 특히 약 10세기쯤의 고대 중국에서는 자석이 자유로이 움직일 수 있으면 항상 일정한 방향을 가리킨다는 것도 알아냈습니다. 예를 들어 자석 바늘을 나뭇잎에 꿰어 물 위에 띄우면 그런 현상을 볼 수 있습니다. 이 기술은 점차 유럽 및 아랍 사람들에게도 알려졌고, 이 성질을 이용해 만들어진 나침반은 항해에 아주 유용한 도구가 되었습니다.

옛날에는 전기를 어디에서 볼 수 있었을까요?

한편 전기 현상은 자석처럼 흔히 볼 수 있는 것은 아니었습니다. 전기가 넘쳐흐르는 요즘 세상에서는 의아하게 생각될지 모르지만, 사실 자연에서 볼 수 있는 전기 현상은 두 가지 정도입니다. 하나는 번개입니다. 번개는 뇌운이라고 부르는 구름과 땅 사이에 전압 차이가 크게 생겨서 한순간 전기가 흐르는 현상입니다. 하지만 번개가 전기 현상이라는 사실을 알게 된 건 그리 오래된 일이 아닙니다. 미국의 정치가이면서 아마추어 과학자였던 벤저민 프랭클린이 유명한 연 실험을 통해 번개가 전기임을 직접 확인한 것이 1752년이었으니까요. 이 실험은 엄청나게 위험한 실험입니다. 실제로 프랭클린이 첫 실험을 한 다음 해에 독일의 물리학자 게오르크 리히만은 번개를 측정하는 실험을 하려다 번개에 맞아 죽고 맙니다(그러니 여러분도 실험해 볼 생각은 하지 마시기 바랍니다).

또 다른 전기 현상은 우리가 마찰 전기라고 부르는 현상입니다. 천으로 유리 등을 문지르면 머리카락처럼 가벼운 물건을 끌어당기는 현상이지요. 아마 이 현상은 오랫동안 인간이 경험한 거의 유일한 전기 현상이었을 것입니다. 전기는 자석의 N극과 S극처럼 두 가지 성질이 있습니다. 전기적 현상에서는 N극과 S극 대신 (+) 와 (−) 부호로 표기하고, (+)는 '양극' 또는 '플러스극', (−)는 '음극' 또는 '마이너스극'이라고 부릅니다. 이들은 자석처럼 같은 성질끼리는 서로 밀어내고 다른 성질끼리는 서로 잡아당깁니다. 두 물체를 문지르면 문지른 면의 한쪽은 (+) 다른 한쪽은 (−) 전기를

번개가 전기 현상임은 1752년에서야
벤저민 프랭클린의 연 실험으로 밝혀졌습니다.

갖게 되어 서로 밀거나 당기지요. 이 상태의 전기는 흐르지 않고 자석처럼 전기가 멈추어 있다 해서 정전기라고 부르는데(여기서 한자 '정靜'은 멈춰 있다는 뜻입니다), 정전기의 전기력은 자기력과 성질이 비슷합니다. 하지만 정전기는 세기도 약하고, 자석과는 달리 잘못 취급하면 곧 사라져 버려서 자세한 성질을 알아내기란 쉽지 않았습니다.

18세기 프랑스의 물리학자 샤를 오귀스탱 드 쿨롱(Charles Augustin de Coulomb, 1736~1806)은 이러한 정전기를 이용해 전기의 힘을 측정하는 데 성공했습니다. 전기를 가진 두 물체가 얼마만큼의 힘으로 서로를 잡아당기거나 밀어내는지 측정한 것이지요. 그 결과 전기를 가진 두 물체가 서로에게 작용하는 힘은 물체 사이 거리의 제곱에 반비례한다는 사실이 밝혀졌습니다. 마치 중력처럼 말이지요. 이 결과를 쿨롱의 법칙이라고 합니다.

쿨롱의 법칙이 정립된 지 얼마 지나지 않아 1800년쯤 이탈리아의 물리학자 알렉산드로 볼타(Alessandro Volta, 1745~1827)가 전기의 역사에서 엄청나게 중요한 발명을 했습니다. 전기를 연구하던 볼타는 소금물에 적신 솜 양쪽에 다른 종류의 두 금속을 붙여 놓으면 두 금속 사이에 전압 차이가 생겨서 전기가 흐른다는 걸 발견했습니다. 전압 차이가 생기는 이유는 두 금속의 화학적 성질의 차이에 의해 전기가 이동하기 때문입니다. 그러므로 같은 금속을 연결하면 전기는 흐르지 않습니다.

볼타는 실험을 거듭해서 가장 전기가 많이 흐르는 금속인 아연판과 은판 사이에 소금물에 적신 천을 끼우고, 이를 여러 겹으로 쌓아 올려서 전기를 안정적으로 공급하는 장치를 만들었습니다. 이 발명품이 전기를 만들어 내는 장치, 바로 전지입니다. 볼타의 전지는 화학 반응을 이용해서 전압 차이를 만들기 때문에 화학 전지라고 부릅니다.

전지가 발명됨으로써 이제 원할 때 언제든지 전기를 가지고 실험을 할 수가 있게 되었고, 전기에 대한 연구가 급속히 발전하게 되었습니다. 그러므로 19세기에 전기에 대한 지식이 크게 발전한 데에는 볼타의 공이 큽니다.

전기와 자기는 긴밀하게 연관되어 있어요

못이나 철심에 전선을 감은 뒤 전선에 전류를 흘리면 자석이 됩니다. 이때 클립 같은 물체를 가져다 대면 달라붙지요. 하지만 전류가 흐르지 않으면 자성이 사라져 클립이 떨어집니다. 아마 초등학교 과학 시간에 이런 전자석을 만들어 보거나 관찰을 해보았을 것 입니다. 전자석이란 전류가 흐르는 동안에 자기장이 형성되는 자석을 말합니다. 전자석을 보면 전기와 자기가 서로 관계가 있다는 걸 알 수 있지요.

19세기 초반에 전기와 자기를 연구하던 과학자들 역시 전기와 자기의 관계에 주목했습니다. 1820년 덴마크의 물리학자 한스 크리스티안 외르스테드(Hans Christian Ørsted, 1777~1851)는 전기와 자기 사이에 관련이 있다는 사실을 확인했습니다. 외르스테드는 전기가 흐르는 전선 근처에

전류의 방향

자기장의 방향

• 앙페르의 오른나사 법칙 •

서 나침반의 바늘이 돌아가는 현상을 관찰하고 이 결과로부터 전류가 흐를 때는 주변에 자기장이 생긴다는 사실을 알아냈습니다. 나침반이 움직이는 방향은 전류의 방향에 따라 결정되었고, 움직이는 정도는 전선에서 멀수록 약해졌습니다. 아마 여러분도 학교에서 과학 시간에 배워 잘 아는 현상일 것입니다.

이러한 전기와 자기에 대한 지식은 곧 뉴턴의 법칙처럼 정확한 방정식으로 체계화되어 갑니다. 외르스테드가 실험한 전기와 자기의 관계는 프랑스의 물리학자 앙드레마리 앙페르(André-Marie Ampère, 1775~1836)에 의해 더욱 체계적으로 발전해, 앙페르의 법칙으로 정리되었습니다. 흔히 '오른나사 법칙'이라고도 하는데, 이를 이용해 전류가 흐를 때 생기는 자기장의 방향을 알 수 있지요. 오른손 엄지로 전류의 방향을 가리키면 나머지 네 손가락이 감아쥐는 방향이 자기장의 방향이라는 의미입니다. 앙페르는 이를 정확한 식으로 표현했지요.

또한 독일의 수학자 카를 프리드리히 가우스(Johann Carl Friedrich Gauß, 1777~1855)는 전기력을 지닌 두 물체 사이에 작용하는 힘의 크기를 표현한 쿨롱의 법칙을 발전시키고 더욱 체계적으로 다듬었습니다. 앙페르의 법칙이 전류가 흐를 때 자기장의 방향을 나타낸다면, 가우스의 법칙은 전기의 양과 전기장의 관계를 나타내지요.

이런 식으로 19세기에 전기와 자기에 대한 지식이 급속도로 발전하고 체계화되어 가는 데 크게 공헌한 또 한 사람이 있습니다. 바로 마이클 패러데이(Michael Faraday, 1791~1867)입니다. 마이클 패러데이는 영국 런던의 빈민가 출신으로 제대로 된 교육을 거의 받지 못했지만 역사상 손꼽히는 위대한 과학자가 된 신화적인 인물입니다.

패러데이는 물리학과 화학의 여러 분야에 많은 업적을 남겼는데, 그중에서도 가장 중요한 업적은 바로 전기와 자기 사이의 중요한 관계를 발견한 일입니다. 패러데이가 발견한 현상은 어떤 의미에서 외르스테드와 앙페르가 발견한 현상을 뒤집어 놓은 것이라고 할 수 있습니다. 외르스테드와 앙페르가 발견한 것은 전류가 흐를 때 주변에 자기장이 생기는 현상인데, 패러데이가 발견한 것은 자석이 움직이면 주변에 있는 전선에 전류가 흐른다는 사실이었기 때문입니다.

패러데이가 발견한 현상을 실험해 보려면, 전선을 말아 놓은 코일에 전구를 연결한 뒤, 코일의 가운데에서 자석을 움직이면 됩니다. 그러면 자석의 움직임에 의해 전선에 전류가 흘러서 전구에 불이 켜지지요. 자석의

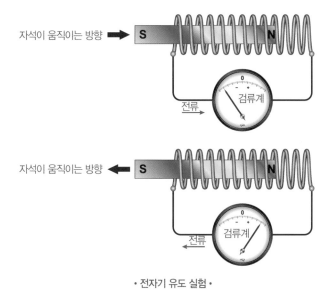

• 전자기 유도 실험 •

움직임으로 전류를 유도해 내므로 이 현상을 전자기 유도라고 하는데, 패러데이는 전자기 유도가 일어나는 과정을 정량적으로 설명하는 관계식을 만들었습니다. 이 관계식을 패러데이의 전자기 유도 법칙이라고 부릅니다. 이렇게 전자기 현상을 설명하는 법칙이 또 하나 발견된 것이지요.

19세기 중반에 이르러 스코틀랜드 출신의 물리학자 제임스 클러크 맥스웰(James Clerk Maxwell, 1831~1879)은 1865년, 그동안 쌓인 전기와 자기에 대한 지식을 집결하고 정리해서 발표했습니다. 특히 맥스웰은 앙페르의 법칙을 보완해서 패러데이의 법칙과 완전히 짝을 이루도록 만들었지요. 패러데이의 법칙은 자석이 움직이면, 즉 자기장이 변하면 전기장이 생겨서 전류가 흐른다는 내용입니다. 그리고 앙페르의 법칙은 전류가 흐르면 자기장이 생긴다는 내용이지요. 맥스웰은 거기에 전기장이 변해도 자기장이 생긴다는 내용을 더했습니다. 즉 패러데이의 법칙과 짝을 이루는 부분을 추가한 것입니다. 이렇게 하면 방정식들이 모두 모순 없이 서로 조화를 이룹니다.

맥스웰은 여러 방정식을 검토해서 다른 방정식으로부터 유도될 수 있거나 내용이 겹치는 방정식을 제외하고 여덟 개의 간결한 방정식으로 정리했습니다. 그리하여 오늘날에는 이 여덟 개의 방정식으로 전기와 자기의 모든 현상을 설명할 수 있게 되었지요. 훗날 영국의 수리물리학자이자 전기공학자인 올리버 헤비사이드(Oliver Heaviside, 1850~1925)는 벡터 해석이라는 수학을 이용해서 이 여덟 개의 식을 네 줄로 다시 정리했습니다. 지금 우리가 맥스웰의 방정식이라고 배우는 내용은 헤비사이드가 정리한 형태이지요.

거대한 통일 이론, 전자기학의 등장

맥스웰의 방정식은 전기와 자기가 서로 깊은 관계가 있다고 말합니다. 보다 정확히 말하자면, 전기와 자기가 전자기학(Electromagnetism)이라는 하나의 이론 체계를 이루는 두 성분이라고 말하고 있지요. 여기에 맥스웰은 또 하나 중요한 기여를 했습니다. 이 방정식을 풀어서 중요한 답을 하나 찾아낸 것입니다(이렇게 복잡한 방정식은 보통 답이 여러 개입니다. 주어진 조건에 따라서 그중에 맞는 답을 골라야 합니다). 맥스웰이 찾은 답은 전기장과 자기장이 서로 얽힌 채로 진동하면서 파동으로 전달되는 것을 나타내는 식입니다. 이 답을 우리는 '전자기파'라고 부릅니다. 독일의 하인리히 헤르츠(Heinrich Hertz, 1857~1894)는 1886년부터 여러 가지 실험을 통해서 맥스웰의 전자기파를 실제로 확인했습니다. 지금 우리가 진동수의 단위로 사용하는 헤르츠(Hz)가 바로 헤르츠의 이름에서 온 것입니다. 파동이 1초에 한 번 진동할 때 1헤르츠라고 표시합니다.

그런데 전자기파와 관련해 특히 눈에 띄는 부분이 있었습니다. 전자기파의 파동의 속력은 쿨롱과 앙페르의 법칙에서 나타나는 상수들로 표현되는데, 이 값이 빛의 속력과 똑같다는 사실이었습니다. 그렇다면 빛이 전자기파와 무언가 관련이 있다고 생각하는 게 자연스럽습니다. 그리고 빛의 성질은 다른 전자기파와 똑같다는 사실이 곧 증명되었습니다. 사실 빛의 물리학은 물리학의 역사에서 가장 오래된 분야입니다. 고대 그리스의 철학자 헤론(Heron, 10~70)이 빛이 직진한다는 사실을 논하고 있을 정도입니다. 그런데 이제 맥스웰에 의해 전기와 자기 그리고 빛을 모두 하나의 체계로 나타낼 수 있게 된 것입니다. 전자기학은 뉴턴이 역학의 법칙과 중력의 법칙이라는 하나의 체계로 지상의 모든 움직임과 천체의 움직임을 나타낸 이후 가장 거대한 통일 이론입니다.

전기 형태의 에너지는 열이나 빛, 운동 등 다른 에너지로 바꾸기도 쉽고, 멀리 전달하기도 쉽기 때문에 현대 문명은 전기를 이용해서 대부분의 일을 처리하고 있습니다. 사실 전자기학은 우리 눈에 보이는 거시적인 물리 현상 중에서 중력에 의한 현상을 제외한 거의 모든 현상을 설명해 줍니다. 우리 눈에 보이는 물질은 모두 원자로 이루어져 있고, 원자를 이루는 힘 역시 전자기력이기 때문입니다. 결국 전자기력은 우리가 경험하는 가장 근본적인 힘입니다.

이뿐만이 아닙니다. 맥스웰이 정립한 전기와 자기의 이론은 그 안에 세상을 바라보는 놀라운 가능성을 여는 열쇠를 품고 있었습니다. 그 열쇠를 찾아낸 사람은 20세기 초 스위스 특허청에 근무하는 한 청년이었습니다. 세기가 바뀌면서 물리학은 마침내 과학혁명 이후 또다시 거대한 혁명을 맞이합니다. 다음 장에서는 20세기 물리학의 세계로 들어가 보겠습니다.

왕과 같은 장례식을 치른
과학자가 있다고요?

뉴턴의 업적은 당대의 사람들에게 엄청난 감명을 주었습니다. 뉴턴의 법칙에 따라 지구의 모양이 검증되었고, 개기일식이 예측되었습니다. 뉴턴의 친구 에드먼드 핼리(Edmond Halley, 1656~1742)는 혜성의 경로를 예측해서 76년마다 한 번씩 지구 근처로 돌아올 것임을 예언했습니다. 이것이 유명한 핼리 혜성입니다. 이제 천체들, 즉 해와 달과 별의 움직임은 더이상 신비한 그 무엇이 아니라 엄정한 우주의 법칙을 따르는 현상이 되었습니다.

뉴턴의 명성이 워낙 높고 많은 존경을 받았으므로 뉴턴이 죽었을 때 장례는 국장으로 치러졌습니다. 왕이나 귀족, 장군 등이 아닌 학자가 이러한 예우를 받은 것은 처음 있는 일이었습니다. 프랑스의 지식인 볼테르는 당시 영국에 머물며 뉴턴의 업적에 크게 감명을 받았는데, 뉴턴을 예우하는 영국 사회에도 크게 감명을 받아 이렇게 말했다고 합니다. "수학자가 왕과 같은 장례식을 치렀다." 뉴턴의 팬이 된 볼테르는 나중에 프랑스로 돌아가서 뉴턴을 알리는 데 적극적으로 노력했습니다. "사과가 떨어지는

• 영국 웨스트민스터 사원에 있는 뉴턴의 무덤 •

모습을 보고 뉴턴이 만유인력의 법칙을 생각해 냈다."라는 이야기가 널리 퍼지게 된 것도 볼테르의 덕분이라고 합니다.

뉴턴의 인기는 볼테르 외에도 영국의 많은 사람에게 널리 퍼져 있었습니다. 그래서 한동안 시인들이 뉴턴을 추모하는 시를 발표하는 게 유행했다고 합니다. 그중에서도 가장 유명한 시는 시인 알렉산더 포프(Alexander Pope, 1688~1744)가 쓴 다음의 구절일 것입니다.

자연과 자연의 법칙이 어둠 속에 감춰져 있었다.
신께서 '뉴턴이 있어라' 하시니 모든 것이 밝아졌다.

성경을 읽어 본 사람은 알겠지만, 이 구절은 성경의 창세기 1장에 나오는 "신께서 '빛이 있으라'하니 모든 것이 밝아졌다."를 조금 바꾼 것입니다. 기독교 사회에서 한 사람에게 이보다 더 큰 찬양을 바치기도 쉽지 않을 듯합니다.

현대물리학은 어떻게 발전했나요

20세기에 이르러 물리학은 크게 발전합니다. 이를 이전까지의 물리학과 구분하기 위해 '현대물리학'이라고 이야기합니다. 이 말과 대비시켜서 이전까지의 물리학은 '고전물리학'이라고 하지요. 우리가 흔히 '물리학'이라고 하면 떠올리는 과학자인 아인슈타인은 현대물리학을 시작한 사람이라고 할 수 있습니다.

현대물리학이라고 하면 뭔가 어렵고 근사한 것처럼 보이겠지만, 현대물리학은 이미 우리 일상 곳곳에 녹아들어 있습니다. 현대물리학이 발전하지 않았다면 우리는 지금과 같은 문명을 누리며 살 수 없었을 것입니다. 그러면 현대물리학이 무엇이고, 우리 삶에 영향을 미치는 현대물리학의 결과물에는 어떤 것이 있는지 하나씩 차근차근 살펴보겠습니다.

상대성 이론
아인슈타인은 무엇을 설명하려 했던 걸까요?

물리학이라고 하면 제일 먼저 떠오르는 건 아마 아인슈타인과 상대성 이론이 아닐까요? 현대물리학은 우주와 물질을 이해하는 방법에 엄청나게 커다란 진보를 이루었습니다. 그 결과 지금 우리는 20세기 이전 사람들과는 비교도 할 수 없을 만큼 우주와 물질에 대해서 많은 것을 알고, 더욱 깊게 이해하고 있습니다. 아인슈타인은 20세기 물리학의 혁명을 이끈 인물 중 가장 중요한 사람입니다. 특히 오늘날 우주를 이해하는 데 아인슈타인의 업적은 물리학의 역사를 통틀어서 뉴턴을 제외하고는 비교할 사람을 찾기 어려울 정도이지요. 그래서 이 장에서는 아인슈타인과 상대성 이론에 대해서 이야기해 보겠습니다.

세상에 단둘만 있다면 누가 움직이는지 알 수 있을까요?

사실 아인슈타인의 상대성 이론은 두 가지입니다. 하나는 아인슈타인이 대학을 졸업하고 특허청 심사관으로 일하던 1905년에 발표한 특수 상대성 이론이고, 다른 하나는 베를린 대학교 교수였던 1915년에 발표한 일반 상대성 이론입니다. 불과 10년 사이에 무슨 일이 일어났기에 아인슈타인은 특허청의 심사관에서 일약 독일의 중심 대학인 베를린 대학교의 교수가 된 것일까요? 이는 무엇보다도 특수 상대성 이론을 비롯해서 같은 해에 발표한 여러 논문 덕분입니다. 학계에 몸담고 있지도 않았던 20대 젊은이가 쓴 이 논문들은 당대의 주요 문제들에 대해 참신하고도 뛰어난 해법과 새로운 방향을 제시해서 물리학계를 뒤흔들었습니다. 물론 아인슈타인 본인이 당대 물리학 문제에 누구보다도 깊은 통찰을 지녔기에 가능한 일이었지요.

이 절에서 소개하는 상대성 이론이란 특수 상대성 이론을 말합니다. 상대성 이론이라고 하면 사람들이 보통 떠올리는 내용이 특수 상대성 이론입니다. 특수 상대성 이론은 여러분도 조금만 관심을 기울이면 이해할 수 있을 만큼 어렵지 않아요. 더 심오하고 훨씬 어려운 일반 상대성 이론은 뒤에 우주 이야기를 할 때 소개하도록 하겠습니다. 물론 아인슈타인의 업적은 그 밖에도 대단히 많습니다. 상대성 이론이 아닌 업적으로 노벨상을 받았을 정도니까요.

상대성 이론은 '상대적인 관계에 대한 이론'이라는 뜻입니다. 상대적인

• 1921년의 아인슈타인 •

관계라는 것은 서로의 입장을 바꿔 놓고 생각해 보는 일입니다. 우리는 각자의 위치에 따라 보이는 모습이 다릅니다. 앉아 있는 사람이 서 있는 사람을 보면 콧구멍이 보일 것이고, 서 있는 사람이 앉아 있는 사람을 보면 정수리가 보일 겁니다. 그러나 또한 우리는 앉아 있으나 서 있으나 똑같은 물리 법칙을 따른다는 것도 알고 있습니다. 물리 법칙이 똑같다는 말은, 같은 실험을 하면 같은 결과가 나온다는 걸 말합니다. 즉, 앉아서 전기회로에 스위치를 연결해서 불이 켜졌다면, 일어서서 같은 회로의 스위치를 켜도 역시 불이 켜질 것입니다. 입장을 바꿔 놓고 생각하는 일은 평소 사람 사이에서도 늘 필요합니다만, 물리학에서는 그 규칙이 좀 더 엄격하게 정해져 있습니다. 이제 이 규칙을 좀 더 알아보겠습니다.

한 사람은 서 있고 다른 한 사람은 걸어가고 있을 때, 우리는 누가 걸어가고 있고 누가 서 있는지 쉽게 구별할 수 있을까요? 발이 움직이면 쉽게 구별이 되니 차를 타고 있다고 하지요. 내가 타고 있는 차가 움직이는지, 아니면 옆의 차가 움직이는지를 쉽게 구별할 수 있나요? 물론 쉽습니다. 바깥의 다른 경치와 비교하면 되니까요.

그러면 혹시 기차역에서 내가 탄 기차가 멈추어 있는데 창밖으로 옆에서 있던 기차가 갑자기 움직이는 모습이 보일 때, 내가 탄 기차가 움직이는지 옆의 기차가 움직이는지 구별하기 어려워 아찔했던 순간을 경험해본 적이 있나요? 기차가 아주 서서히 출발하고, 창문으로 오직 옆의 기차만 보인다면 순간적으로 어느 쪽이 움직이는지 알 수 없어서 착각하는 경우가 있습니다.

이제 별도 달도 아무것도 없는 우주 공간을 상상해 봅시다. 까만 우주 공간에 우주선 두 대만 있고 내가 그중 하나에 타고 있습니다. 둘 다 엔진이 켜져 있는지 꺼져 있는지는 알 수 없습니다. 그런데 창밖을 보니 상대편 우주선이 일정한 속력으로 왼쪽으로 움직이고 있습니다. 이때 내가 멈춰 있고 저 우주선이 왼쪽으로 움직이는지, 아니면 저 우주선이 멈춰 있고 내 우주선이 오른쪽으로 움직이는지 알 수 있을까요? 한번 두 상황을 구별할 방법을 생각해 봅시다.

답을 말하자면, 이런 경우에는 두 가지 상황을 구별할 수 없습니다. 정확히 말하자면 상황이 두 가지도 아닙니다. 둘 다 왼쪽으로 움직이고 있는데 상대편 우주선이 더 빨리 움직이고 있을 수도 있고, 둘 다 오른쪽으로 움직이고 있으면서 내 우주선이 더 빨리 움직일 수도 있습니다. 심지어 상대편 우주선은 왼쪽으로, 내 우주선은 오른쪽으로 움직이고 있을 수도 있습니다. 이 모든 경우를 우리는 구별할 수 없습니다. 그러므로 이런 경우 중요한 건 결국 두 우주선 사이의 상대속도뿐입니다.

이 모든 경우를 구별할 수 없다는 말은, 일정한 속도로 움직이는 두 우

차창 너머로 움직이는 열차를 볼 때,
내가 탄 열차가 움직이는지
옆의 열차가 움직이는지 분간할 수 있을까요?

주선에 속도와는 관계없이 물리학 법칙이 똑같이 작용한다는 뜻입니다. 만약 움직이는 우주선과 멈춰 있는 우주선에 다른 법칙이 적용된다면 그 법칙을 이용해서 서로를 구별하는 방법을 만들어 낼 수 있을 것이기 때문입니다. 예를 들어서 우주선이 일정한 속도로 움직이는 게 아니라 원을 그리고 있다면, 그 우주선에 탄 사람은 원의 바깥쪽으로 밀리는 힘을 느끼게 되므로 일정한 속도로 움직이는 우주선이 아니라는 걸 알 수 있습니다. 또한 어느 한 쪽이 점점 더 빠르게 가속되고 있다면, 그 우주선에 탄 사람은 버스가 출발할 때처럼 가속되는 방향의 반대쪽으로 힘을 느끼게 됩니다. 하지만 두 우주선이 일정한 속도로 움직인다면 각각에 타고 있는 사람은 그런 차이를 느낄 수 없습니다. 이렇게 일정한 속도로 움직이는 두 물체에 똑같은 물리학 법칙이 적용된다는 것이 바로 상대성 이론입니다. 사실 이런 법칙은 오래전부터 이미 잘 알려져 있었습니다. 그래서 이렇게 일정한 속도로 움직이는 물체들 사이의 물리학을 17세기 이탈리아에 살았던 갈릴레오 갈릴레이의 이름을 따서 '갈릴레이의 상대성'이라고 부릅니다.

그러면 아인슈타인의 상대성 이론은 무엇이 다를까요? 아인슈타인의 상대성 이론에서는 빛이 어마어마하게 중요한 역할을 합니다. 왜 그런지는 나중에 설명하겠습니다. 우선 빛을 이야기할 때 꼭 알아 두어야 할 점은, 빛이 매우 빠르게 움직인다는 사실입니다. 상대성 이론은 여기에다가 빛의 속력이 모든 속력의 한계이며 어떤 물체도, 어떻게 움직이더라도 빛의 속력을 넘을 수 없다고까지 이야기합니다.

시간과 거리는 빛의 속력을 기준으로 정해져요

빛이 엄청나게 빠르다는 사실은 누구나 잘 알고 있습니다. 하지만 빛이 빠르다고는 해도 빛의 속력에 한계가 있다는 사실 역시 오래전부터 잘 알려져 있었습니다. 고대 그리스 시대에도 이미 엠페도클레스라는 사람이 그런 주장을 한 적이 있고, 중세에 이르기까지 여러 학자들이 물체를 볼 때 빛이 눈에서 나오는 것인지, 혹은 물체에서 눈으로 들어가는 일인지에 대해서 논란을 벌이기도 했습니다. 그런데 물체든 눈이든 빛이 어느 한쪽에서 나온다는 말은 빛이 물체와 눈 사이를 이동할 때 시간 차이가 있다는 말과 같습니다. 이는 빛의 속력이 유한하다는 의미입니다.

17세기에 갈릴레이를 비롯한 여러 사람이 빛의 속력을 직접 측정하려고 시도했습니다. 최초로 빛의 속력을 측정한 사람은 덴마크의 천문학자인 올레 뢰머(Ole Christensen Rømer, 1644~1710)라는 사람입니다. 뢰머는 목성의 위성이 목성 뒤에 숨었다 나타나는 현상을 관찰해서 빛이 1초에 약 21만 킬로미터를 간다는 값을 얻었습니다. 지금 우리가 알고 있는 값이 1초에 약 30만 킬로미터이므로 꽤 괜찮은 값입니다. 지구상에서 빛의 속력을 측정한 건 그보다 훨씬 뒤인 19세기의 일입니다. 프랑스의 물리학자 이폴리트 피조(Armand Hippolyte Louis Fizeau, 1819~1896)가 빛의 속력을 측정하는 도구를 만들었고, 빛이 1초에 약 31만 킬로미터를 간다고 보고했지요.

빛은 1초에 약 30만 킬로미터, 정확히는 2억 9,979만 2,458미터를 갑

• 세슘 원자 시계 NIST-F2 •

니다. 정확하다고 말하는 이유는 이 수치가 측정한 값이 아니라 그렇게 정해 놓은 값이기 때문입니다. 예전에는 1미터를 다른 방식으로 정했었지만, 빛의 속력이 절대적으로 변하지 않는 값, 즉 상수라는 사실을 알게 된 이후에는 빛이 299,792,458분의 1초 동안 간 거리를 '1미터'라고 정하는 방식으로 바꾸었거든요. 아, 물론 이렇게 1미터를 정하기 위해서는 먼저 '1초'를 정해 놓아야 합니다. '1초'는 세슘이라는 원자가 내는 전자기파의 진동수를 가지고 정의합니다. 이렇게 먼저 세슘 원자를 가지고 1초를 정하고, 이 시간 동안 빛이 간 거리를 가지고 1미터를 정하는 것이 현재 우리가 쓰는 단위입니다. 물론 이런 이야기는 아주 정밀한 과학 실험을 할 때나 필요한 내용입니다. 우리가 일상생활을 할 때는 이렇게까지 정확한 숫자는 필요 없으니까요.

하지만 빛의 속력이 언제나 일정하면서 빛뿐만 아니라 모든 물체가 낼 수 있는 속력의 한계라는 건 훨씬 더 심오한 이야기입니다. 사실 이 이야기는 그 자체로는 잘 이해가 가지 않습니다. 왜 그럴까요? 그냥 빛보다 두 배 빠르게 가면 되지 않을까요? 1초에 30만 킬로미터를 가나, 50만 킬로미터를 가나 무슨 대단한 차이가 있을까요? 어떤 물리 법칙에도 문제가 되지 않을 것 같은데, 속력의 한계를 정하는 물리 법칙이 있을까요?

정답은 그 자체가 물리 법칙이라는 것입니다. 그 무엇도 빛보다 빠를 수는 없습니다. 그럼 이제 이 법칙이 맞는지 확인해야겠죠? 그래서 물리학자들은 빛보다 빠른 물질이 있는지를 끊임없이 찾고 또 검증하고 있습니다. 몇 년 전에 중성미자라는 입자가 빛보다 빠르다고 측정되어서 잠시 화제가 된 적이 있었는데, 이 역시 그런 검증 작업입니다(그 측정 결과는 결국 실험에 오류가 있었다는 사실이 밝혀졌습니다). 이렇게 '경험적으로' 검증하는 일은 물리학과 같은 자연과학에서는 사실상 끝없이 계속되어야 할 일입니다.

빛의 속력이 언제나 같다는 말은 무슨 뜻일까요

빛보다 빠른 물질이 있는지 직접 찾거나 검증하는 일 말고, 이론적으로 따져보는 일도 중요합니다. 그러자면 상대성이라는 개념이 중요해지지요. 왜냐하면 우리는 경험적으로 둘이 서로 마주 보고 달려오면 상대의 속력이 더 빠르게 느껴진다는 것을 알고 있기 때문입니다. 고속도로를 달릴 때, 나와 같은 방향으로 가는 차들의 속력은 실제보다 느리게 보이고 맞은편에서 오는 차들의 속력은 더욱 빠르게 보입니다. 즉, 갈릴레이의 상대성에 의하면 상대속력은 원래 속력보다 더 빠를 수 있습니다. 그래서 속력의 한계란 상대성이라는 개념과는 잘 어울리지 않습니다.

이제 아인슈타인이 이 문제를 생각하게 된 배경을 살펴보겠습니다. 뉴턴의 운동 방정식은 일정한 속도로 움직이면서 보더라도 달라지지 않습니다. 즉, 갈릴레이의 상대성과 잘 어울리지요. 그런데 전자기학이 갈릴레이의 상대성 이론과 만나면 모순이 나타납니다.

갈릴레이의 상대성에 따르면, 자동차를 타고 가면서 빛을 볼 때 빛의 속력이 실제보다 더 빠르거나 느리게 보여야 합니다. 빛이 자동차와 마주 보고 진행하고 있다면 더 빠르게, 빛과 자동차의 방향이 같다면 실제보다 느리게 보이는 식으로요.

그런데 전자기파를 나타내는 맥스웰 방정식은 빛의 속력을 방정식 자체에 포함하고 있습니다. 즉, 빛의 속력이 실제보다 더 빠르거나 느리게 보인다는 말은 자동차를 탄 사람의 맥스웰 방정식과 자동차 바깥에 서 있는 사람의 맥스웰 방정식이 다르다는 의미입니다. 그러니까 맥스웰 방정식은 갈릴레이의 상대성 이론과는 맞지 않았습니다.

하지만 자동차를 타고 움직인다고 전자기 법칙이 달라지지는 않으므로 전자기 현상도 당연히 상대성 원리에 맞아야 합니다. 그러므로 우리가 전자기학과 상대성의 관계에 대해서 무언가 더 생각해야 할 부분이 있음에 틀림없습니다.

• 아인슈타인(왼쪽)과 로런츠(오른쪽) •

그럼 맥스웰의 전자기 방정식이 상대성에 따라 움직이는 물체에 대해서도 성립하려면 어떻게 해야 할까요? 이럴 때 물리학자들은 흔히 방정식이 완전하지 않다고 생각하고, 방정식을 개선하려고 합니다. 실제로 그렇게 해서 문제가 해결되고 물리학이 발전한 경우도 많습니다. 그런데 아인슈타인의 생각은 달랐습니다. 아인슈타인은 맥스웰의 전자기 방정식이 옳다고 생각했습니다. 그리고 상대적인 운동을 나타내는 갈릴레이의 변환 방법을 개선해야 한다고 생각했지요.

사실 이런 생각을 한 사람이 아인슈타인이 처음은 아니었습니다. 많은 사람들이 빛의 속력이 항상 일정할지도 모른다는 생각을 해왔기에, 그 전부터 여러 물리학자가 움직이는 물체에서 볼 때도 빛의 속력이 일정한 관계식을 만들려고 시도했기 때문입니다. 아인슈타인이 존경하는 네덜란드의 물리학자 헨드릭 안톤 로런츠(Hendrik Antoon Lorentz, 1853~1928)가 19세기 말에 이미 그러한 수학적 관계를 완성했습니다. 이 수학적 관계를 로런츠의 이름을 따서 '로런츠 변환'이라고 부릅니다. 그러나 사람들은 그 변환식에 담긴 '빛의 속력이 언제나 같다.'는 사실의 의미를 알지 못하고 있었습니다. 심지어 변환식을 만든 로런츠조차도 말입니다.

아인슈타인은 새로운 상대성의 관점에서 이 관계를 정리해서 발표했습니다. 아인슈타인이 발표한 논문의 제목은 〈움직이는 물체의 전기역학에 관하여〉입니다. 위에서 말한 바와 같이 상대적인 운동을 할 때 전자기학의 문제를 다루기 때문이지요. 이때 아인슈타인의 나이는 스물여섯 살에 불과했습니다. 그는 대학교의 교수도 아니고, 학자로서 활동한 경험도 거의 없는, 겉보기에는 그저 평범한 특허청의 공무원일 뿐이었습니다.

그러면 이제 '빛의 속력이 언제나 같다.'라는 말의 의미를 조금 더 깊이 살펴보겠습니다. 맥스웰의 방정식은 빛의 속력과 관련이 있습니다. 그래서 맥스웰의 방정식이 항상 옳다면 빛의 속력도 항상 일정해야 합니다. 이렇게 빛의 속력을 일정하게 만들려면 그 대신 새로운 변화를 받아들여야 합니다. 시간과 공간 그 자체가 변한다는 사실 말입니다. 우리는 시간과 공간을 절대적인 기준으로 놓고 생각하는 데 익숙하지만, 진정으로 절대적인 기준은 빛의 속도이며 시간과 공간의 길이는 빛의 속도를 일정하게 만들기 위해 변하는 물리량입니다.

하지만 빛의 속력은 아주 빠르기 때문에 아인슈타인의 상대성과 갈릴레이의 상대성의 차이는 우리 주변에서 일어나는 일만 관찰해서는 알기 어렵습니다. 우리가 일상에서 접하는 물체들의 속도는 빛에 비해서 매우 느립니다. 이에 비교하면 빛의 속력은 거의 무한히 빠르다고 해도 될 정도지요. 만약 빛의 속력이 무한히 빠르면 아인슈타인의 상대성은 갈릴레이의 상대성과 같아지기 때문입니다. 그래서 우리는 일상생활에서는 상대성 이론의 효과를 거의 느끼지 못합니다. 하지만 우리가 관찰하는 속도가 빛의 속도에 가까워지면 이 효과가 점점 크게 나타납니다. 그리고 현대적인 기술을 동원하면 우리 주변에서도 상대성 이론의 효과를 검증하기는 그리 어렵지 않습니다.

이렇게 갈릴레이의 상대성을 발전시킨 아인슈타인의 상대성 이론을 특수 상대성 이론이라고 부릅니다. 특수 상대성 이론은, 갈릴레이의 상대성 이론과 마찬가지로 일정한 상대속도로 움직이는 두 사람에게 똑같은 물리학 법칙이 적용된다고 말합니다. 그와 동시에 두 사람이 보는 빛의 속력은 같다고도 말합니다. 그 이유는 두 사람이 보는 세상이 갈릴레이의 상대성의 변환식이 아니라 로런츠의 변환식으로 연결되어 있기 때문입니다. 여기서 말하는 물리학 법칙이란 뉴턴의 역학뿐 아니라 전기와 자기의 법칙도 포함합니다. 그뿐 아니라 모든 물리학 법칙은 아인슈타인의 특수 상대성 이론을 만족시켜야 합니다.

원자
물질은 무엇으로 이루어져 있을까요?

20세기는 과학의 세기라고 불러도 이상하지 않을 만큼 과학의 힘이 엄청나게 커진 시대였습니다. 그리고 21세기에 이르러 우리는 전통적으로 경험에만 의존해서 해오던 방식으로는 감당할 수 없을 만큼 복잡한 세상을 살아가고 있습니다.

간단한 예로 여러분이 필수품이라고 생각하는 휴대폰을 생각해 봅시다. 휴대폰은 우리의 말소리를 마이크에 들어 있는 얇은 막의 흔들림으로 바꾸고, 다시 막에 달린 코일을 이용해서 막의 흔들림을 전자기 신호로 바꿉니다. 이 전자기 신호를 전자기파로 바꾸어서 보내면, 내가 호출한 휴대폰은 수많은 전자기파 신호 중에서 내 전자기파만을 검출해서 다시 전자기 신호로 바꾸고 전자석의 움직임을 이용해서 전자기 신호를 다시 스피커의 울림판의 움직임으로 바꿔서 내 말소리와 똑같은 소리를 만들어 냅니다. 정말 놀라운 일이지요. 그러니까 휴대폰이라는 기계는 어느 발명가가 적당히 시행착오를 거쳐서 만들어 낼 수 있는 게 아닙니다. 전기를 정확히 이해해야 하고, 소리가 나는 원리와 물질의 성질을 제대로 알아야 합니다. 이런 체계적이고 정밀한 지식이 없이는 휴대폰은커녕 단순한 라디오조차 만들 수 없습니다. 하물며 스마트폰이라면 더 말할 필요도 없습니다.

19세기만 해도 꼭 그렇지 않았습니다. 예를 들어 19세기까지 발명된 기계 가운데 인간의 삶에서 가장 중요한 기계를 하나 꼽으라면 증기기관일 것입니다. 그런데 이 증기기관은 당대의 학자들이 머리를 싸매고 열심히 설계해서 만든 게 아닙니다. 증기기관을 뒷받침하는 이론이 확고하게 있어서, 학교에서 증기기관을 만드는 법을 배워 만들어 낸 게 아니라는 뜻이지요. '물을 끓여서 증기가 되면 부피가 엄청 커져서 물리적인 힘이 생긴다.' 이 정도만 알고 나서 발명가들이 뚝딱거리며 만들어 낸 것입니다. 오히려 증기기관을 만들어서 사용하다 보니, 증기기관을 더 잘 작동하게 하려면 어떻게 하면 좋을까를 궁리하다가 열역학이라는 과학이 발전했다고 할 수 있습니다. 즉, 기술의 발달이 과학의 발전을 이끈 것입니다.

그러나 이런 식의 발전 방식은 20세기 이후에는 여간해서는 통용되지 않았습니다. 앞으로도 현대 과학의 뒷받침 없이 세상을 바꿀만한 기술적 발전을 가져오는 일은 아마 없을 것입니다. 왜일까요?

질문을 바꿔 보겠습니다. 현대물리학에서 가장 중요한 생각을 한 가지만 들어 보라고 하면 무엇을 들 수 있을까요? 여러 중요한 개념이 있지만, 가장 중요한 키워드를 하나 꼽으라고 하면 저는 '원자'를 들겠습니다. 20세기 후반의 대표적인 이론물리학자인 미국의 리처드 파인먼(Richard

Feynman, 1918~1988)은 한술 더 떠서 원자는 인류 문명을 통틀어 가장 핵심적인 개념이라고까지 이야기합니다. 물리학자가 하는 이야기니 팔이 안으로 굽는 건 감안한다 해도, 원자라는 개념이 왜 그리도 중요한 것일까요? 그리고 원자라는 개념이 현대물리학의 발전에 어떤 영향을 미쳤기에 그렇게 이야기하는 것일까요?

원자라는 개념 자체는 아주 오래 전부터 존재했습니다만, 20세기가 되자 원자는 더 이상 철학적인 개념이나 막연한 원리가 아니라 구체적인 실체로 인간에게 다가왔습니다. 원자를 실체로 받아들이고, 원자의 구조를 이해하려는 노력이 현대물리학을 낳았다고 말해도 과언이 아닙니다. 이 절에서는 20세기에 이르기 전까지 원자에 관해서 어떤 일들이 있었는지 살펴보겠습니다.

더 이상 나누어지지 않는 가장 작은 입자, 원자

원래 고대 그리스에서 원자란 물질 세상을 이루는 기본 단위로, 더 이상 나누어질 수 없는 작은 입자를 의미했습니다. 원자를 뜻하는 그리스어 아토모스(atomos)는 '더 이상 나누어지지 않는다.'라는 뜻으로, 기원전 4세기경에 살았던 데모크리토스라는 자연철학자가 생각해 낸 개념입니다. 그리고 고대 그리스에 처음 생겨난 원자의 개념을 근대에 되살린 사람은 영국의 화학자 존 돌턴(John Dalton, 1766~1844)입니다. 여러분은 학교에서

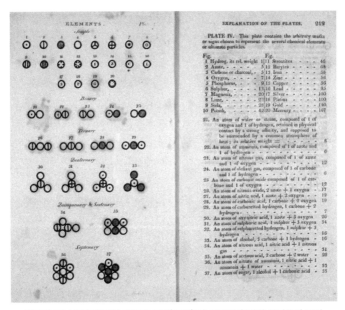

• 돌턴의 저서 《화학철학의 새로운 세계(1808)》에 그려진 원자와 분자들의 그림 •

원자를 처음 배울 때 돌턴의 이름과 함께 배웠을 것입니다. 돌턴은 무려 2,000년 후에 이 개념과 용어를 되살렸습니다.

돌턴은 1800년경 영국의 맨체스터에서 활동하던 화학자였습니다. 화학은 라부아지에 등의 활약에 힘입어 18세기에 커다란 발전을 이루었습니다. 이때 산소, 질소, 탄소 등 우리에게 익숙한 많은 원소가 발견되고 이름을 얻었습니다. 화학의 목적은 물리학과는 조금 다릅니다. 화학은 물질이 무엇으로 이루어져 있는지, 기본 원소의 성질은 무엇인지 그리고 이들이 섞여서 어떻게 새로운 물질을 만드는지 등에 주로 관심을 가지는 학문입니다. 여기에 비교하면 물리학은 물질이 무엇인지는 별로 신경 쓰지 않고, 그 물질이 어떻게 행동하는가에 주로 관심을 가집니다.

돌턴이 활동하던 19세기에는 어떤 화합물을 구성하는 원소들의 성분비가 일정하다는 사실이 이미 알려져 있었습니다. 그런데 돌턴은 여기에 더해, 화합물이 만들어질 때 한 원소가 다른 원소에 일정한 비율로 결합한다는 점에 착안해 모든 화학 원소는 기본 단위가 되는 입자가 있다고 제안했습니다.

예를 들어 이산화탄소와 일산화탄소라는 화합물은 모두 탄소와 산소로만 이루어져 있습니다. 그런데 이산화탄소를 분해하면 나오는 탄소와 산소의 질량비는 3:8이고, 일산화탄소를 분해하면 나오는 탄소와 산소의 질량비는 3:4입니다. 즉, 각각의 화합물에서 탄소와 결합하는 산소의 비율은 이산화탄소가 일산화탄소보다 두 배 많습니다. 그래서 이 화합물의 이름에 각각 이산화탄소, 일산화탄소라는 이름이 붙었지요. 이런 식으로 화합물 속 원소들의 질량비가 정수라는 사실에서 돌턴은 원소를 입자라고 생각하게 된 것입니다.

또한 이 기본 입자들은 다른 원소로 변하지 않으며 소멸하지도 새로 만들어지지도 않아야 합니다. 이렇게 생각하면 이 입자의 성질은 고대 그리스의 데모크리토스가 생각한 아트모스와 같지요. 그래서 돌턴은 데모크리토스를 따라서 이 입자를 아톰, 즉 원자라고 불렀습니다. 즉, 돌턴의 원자는 화학 원소의 기본이 되는 입자를 말합니다. 화학의 원자라고 할 수 있지요.

작은 입자가 모여 기체를 만든다는 '기체 운동론'

19세기에는 전혀 다른 방향에서 원자 개념이 발전했습니다. 앞에서 말한 대로 19세기에는 증기기관이 가장 중요한 기계였고, 증기기관의 효율을 높이기 위해, 또 증기기관을 운용하면서 얻은 풍부한 데이터를 바탕으로 열역학이라는 학문이 발전했습니다. 열역학이라는 말의 의미를 풀어보면 열(熱)의 힘(力)을 연구하는 학문이라고 할 수 있습니다.

우리의 일상 경험을 돌이켜 봅시다. 물을 끓이면 냄비 뚜껑이 들썩거립니다. 기체가 팽창해서 뚜껑을 들어 올리기 때문입니다. 이와 같이 기체에 열을 가해서 온도가 올라가면 기체의 부피가 팽창합니다. 만약 이 기체가 빠져나갈 틈 없는 벽으로 둘러싸인 폐쇄된 공간에 갇혀 있다면 어떻게 될까요? 기체는 부풀어 오르면서 벽을 밀어내겠지요. 다시 말해 압력이 커집니다. 이렇게 열역학은 기체에 열을 가하면 기체의 부피와 압력 등이 어떻게 변화하는지 연구하는 학문입니다.

열역학을 연구하는 과학자 중 어떤 사람들은 연구를 거듭하다가, 기체가 눈에 보이지 않는 작은 입자의 집합이라고 가정해 보았습니다. 기체가 작은 입자로 이루어져 있다고 생각하면 뉴턴의 역학을 이용해서 입자들의 움직임을 계산할 수 있기 때문입니다. 그랬더니 놀랍게도 입자의 운동으로부터 열역학에서 얻은 결과들을 유도해 낼 수 있었습니다.

온도가 올라가면 기체는 더욱 활발하게 움직입니다. 따라서 온도는 기체를 이루고 있는 입자들의 평균 운동에너지이고, 압력은 입자들이 주위

기체 운동론은 기체가 눈에 보이지 않는
작은 입자의 집합이라고 가정하고,
열을 가하면 입자들의 평균 운동에너지가 커진다고 봅니다.

를 둘러싼 벽을 두드리는 횟수로 정의할 수 있습니다. 그러면 열역학의 법칙, 즉 온도와 압력의 관계를 기본적인 운동 법칙으로부터 유도해 낼 수 있습니다. 이렇게 기체가 원자로 이루어졌다고 생각하는 이론을 '기체 운동론'이라고 합니다(정확히 말하면 기체를 이루는 것은 대부분 원자가 결합해서 만든 분자입니다. 하지만 여기서는 작은 입자로 이루어져 있다는 사실만이 중요하므로 그냥 원자라고 부르겠습니다).

이렇게 기체를 원자라고 가정하면 기체가 어떤 물질인지는 상관이 없습니다. 오직 기체의 질량, 크기, 속도, 에너지 같은 양이 중요하지요. 따라서 기체 운동론에서 생각하는 원자는 물리적인 원자라고 할 수 있습니다. 기체가 원자로 이루어졌다는 전제 아래 열역학은 크게 발달했습니다. 특히 영국의 맥스웰과 오스트리아의 볼츠만 같은 사람들은 아주 작은 입자들의 행동을 통계적으로 다루면 보일의 법칙이나 샤를의 법칙을 비롯해서 기체 분자의 속도 분포나 엔트로피 개념과 같은 우리가 보는 세상의 법칙들이 나올 수 있다는 것을 보였는데, 이러한 분야를 통계물리학이라고 부릅니다.

뢴트겐이 발견한 '새로운 빛'

기술이 발전하면서 19세기 말에는 여러 새로운 실험 결과들이 등장하기 시작했습니다. 앞에서 과학혁명을 소개할 때 과학이 발전하는 양상을 한번 설명했지요. 먼저 여러 자연현상을 관찰하고 관찰 결과를 체계적으로 정리해서 데이터를 얻습니다. 데이터가 점점 쌓이면 그 데이터에서 일정한 패턴이나 규칙을 발견합니다. 이러한 패턴을 잘 요약하면 현상을 설명하는 법칙이 됩니다. 여러분이 배우거나 들은 과학 법칙들은 대부분 이러한 현상적인 법칙입니다. 예를 들면 빛이 반사할 때는 입사각과 반사각이 같다는 반사의 법칙이나, 회로에 흐르는 전류는 전압에 비례하고 전기저항에 반비례한다는 옴의 법칙, 행성이 궤도를 도는 속도는 태양 가까이에서는 빠르고 먼 곳에서는 멀어서, 태양과 행성을 이은 선분이 일정 시간에 같은 면적을 지난다는 케플러의 법칙 등이 이런 현상적인 법칙입니다. 이런 현상적인 법칙을 알고 있으면 우리는 주변에서 일어나는 많은 일들을 해석하고 예측할 수 있습니다.

데이터가 많아지고 정밀해지면 이전에는 보이지 않던 규칙을 발견할 수 있습니다. 그러므로 정확한 실험이나 관측을 하는 것이야말로 자연과학의 시작이라고 할 수 있지요. 19세기 말에는 전기를 비롯한 여러 기술이 발전해 여러 새로운 현상을 관찰할 수 있게 되었고, 새로운 발견들이 많이 나타나기 시작했습니다. 그중에서 가장 유명한 실험을 하나 꼽으라면 아마도 독일 뷔르츠부르크 대학교의 물리학자 빌헬름 뢴트겐(Wilhelm Röntgen, 1845~1923)이 발견한 새로운 빛일 것입니다.

1895년에 뢴트겐은 19세기 말 물리학자들이 즐겨하던 실험인 진공관에서의 방전 현상을 연구하고 있었습니다. 진공관에 설치된 전극에 전기를 흘리면 빛이 나는 현상을 연구하는 것입니다. 뢴트겐은 실험을 하면서 완

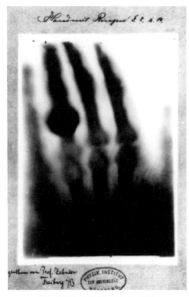

• 뢴트겐의 아내 안나의 손 사진 •

전히 차폐시킨 진공관에서 방전을 할 때마다 무엇인가 나와서 사진 건판을 변화시킨다는 것을 발견합니다. 이 광선은 눈에는 보이지 않았지만 보통의 차폐막을 쉽게 뚫고 나올 정도로 투과성이 강했습니다. 뢴트겐은 이 광선에 미지의 광선이라는 뜻으로 엑스(X)선이라는 이름을 붙이고, 실험실을 떠나지 않고 며칠에 걸쳐서 다양한 성질을 연구했습니다. 어느 정도 연구를 정리한 뒤 뢴트겐은 아내를 불러서 아내 손의 엑스선 사진을 찍었습니다. 사진에는 손의 뼈와 반지만이 찍혀 있었습니다. 이를 보면 엑스선이 살은 통과하지만 뼈와 반지는 통과하지 못한다는 것을 알 수 있지요. 엑스선을 발견한 업적으로 뢴트겐은 1901년 제1회 노벨 물리학상을 받았습니다.

뢴트겐의 발견만큼 많이 알려지고 유명하지는 않지만, 이 시기에는 그 밖에도 중요한 발견들이 엄청나게 쏟아졌습니다. 뢴트겐이 했던 실험인 진공관에서의 방전 현상에서 나온 것은 사실 빛이 아니었습니다. 영국의 물리학자 조지프 존 톰슨(Joseph John Thomson, 1856~1940)은 뢴트겐의 엑스선 발견으로부터 2년 뒤, 진공관의 전극에서 나온 것이 전기를 띤 아주 작은 입자의 흐름이라는 사실을 확인합니다. 우리는 이 입자를 전자라고 부르지요. 전자는 (−) 전기를 가지고 있고 아주 가볍습니다. 톰슨은 이 업적으로 1906년에 제6회 노벨 물리학상을 받았습니다. 톰슨의 발견을 곰곰이 생각해 보면 매우 놀라운 사실을 알게 됩니다. 물질에서 전자가 튀어나온다는 건 원자 속에 그보다 더 작은 입자인 전자가 들어 있다는 의미이니까요.

한편 프랑스의 물리학자 앙리 베크렐(Antoine Henri Becquerel, 1852~1908)은 우라늄에서도 눈에 보이지 않고 투과력이 강한 무언가가 나온다는 것을 발견했습니다. 베크렐의 친구인 피에르 퀴리와 마리 퀴리 부부는 이런 현상이 우라늄뿐 아니라 다른 원소에서도 나온다는 것을 발견하고, 이 현상에 '방사능'이라는 이름을 붙였습니다. 그리고 방사능을 가지는 원소를 '방사성 원소'라고 하고, 방사성 원소에서 나오는 에너지를 '방사선'이라고 불렀지요. 엑스선은 방전관에 스위치를 넣을 때만 나오지만, 방사성 원소에서는 언제나 방사선이 나오고 있습니다. 처음에는 방사선이 엑스선처럼 새로운 광선이라고 생각했지만, 알고 보니 방사선에는 세 가지 종류가 있었습니다. (+) 전기를 띤 입자인 알파선과 (−) 전기를 띤 입자인 베타선, 그리고 엑스선보다 에너지가 더 높은 빛인 감마선입니다. 방사선 연구로 베크렐과 퀴리 부부는 1903년 제3회 노벨 물리학상을 받았습니다. 방사선의 발견 역시 원자 속에서 무언가가 나온다는 말이므로 원자의 내부 구조에 대해서 우리가 더 알아야 한다는 것을 의미합니다.

한편 뉴질랜드 출신의 영국 물리학자 러더퍼드를 비롯한 여러 과학자들

· 1920년의 마리 퀴리 ·

은 방사선 현상을 깊이 연구하면서 방사성 원소가 방사선을 방출하면 원소의 종류가 아예 바뀌어 버린다는 사실도 발견했습니다. 이 현상은 더욱 놀라운 일이었습니다. 왜냐하면 그때까지 사람들은 원자가 물질을 이루는 기본 단위라서, 없어지지도 않고 새로 생겨나지도 않고 변하지도 않는다고 생각했기 때문입니다.

근대 이전에는 물질계를 지배하는 심오한 원리가 있다고 믿고, 어떤 물질을 다른 물질로 바꾸는 아주 특별한 힘을 추구하던 사람들이 있었습니다. 이런 사람들을 연금술사라고 불렀지요. 그들의 믿음이 옳건 그르건 간에 연금술사들은 물질을 가지고 많은 탐구와 실험을 했고, 화학의 발전에 도움을 주었습니다. 그러나 연금술이 실제로 성공을 거두지는 못했습니다. 따라서 원소가 다른 원소로 변하지 않는다는 연금술사들의 탐구 결과는 원자가 생겨나지도 사라지지도 변하지도 않는다는 돌턴의 원자론의 실험적인 근거가 되었지요. 그런데 이제 자연에서 원소들이 저절로 변하는 현상이 발견된 것입니다. 자연 그 자체가 연금술사였던 것이지요. 이렇게 19세기에서 20세기로 넘어가는 시기에 물질의 기본 입자라고 생각했던 원자에 대해서 많은 것을 새로 알게 되었습니다.

이 외에도 이 시기에는 정말 많은 새로운 현상들이 발견되었습니다. 이 모든 현상은 어떤 식으로든 원자와 연결되는 것들이었습니다. 20세기에 접어들어 이러한 현상들을 설명하고 이해하면서 과학자들은 이제 세상 만물이 원자로 이루어졌다는 사실을 당연하게 받아들이고, 원자와 관련된 많은 발견으로부터 원자를 이해하기 위해 노력하기 시작했습니다.

양자역학
원자를 어떻게 설명할까요?

현대물리학은 원자에서 출발한다고 해도 과언이 아닙니다. 우리가 느끼는 물질의 성질은 모두 원자들이 어떻게 결합해 있고 어떻게 행동하는지에 따라 결정되지요. 그래서 물질을 이야기할 때는 반드시 원자를 가지고 이야기합니다. 그런데 원자를 탐구하는 과정에서 수많은 놀라운 현상이 발견되었습니다. 그 결과 뉴턴의 물리학으로는 원자 세계를 설명할 수 없다는 사실이 밝혀졌지요. 원자보다 작은 세계에서는 전자가 벽을 통과하고, 동시에 여러 곳에 존재하는 등 너무도 이상한 일들이 얼마든지 일어납니다. 이러한 이상한 일들을 설명하는 물리학이 바로 여러분도 한 번쯤 들어보았을 '양자역학'입니다. 이렇게 난해한 양자역학은 왜 그리고 어떻게 생겨났을까요?

원자보다 작은 입자가 있다고요?

20세기 초 원자의 탐구에 가장 중요한 발걸음을 내딛은 사람은 영국의 러더퍼드입니다. 러더퍼드는 방사선의 일종인 알파선을 물질에 때리는 방법으로 많은 발견을 했습니다. 그러다 1909년에 얇은 금박에 알파선을 쏘는 실험을 한 러더퍼드는 놀라운 현상을 발견했습니다. 아주 드물지만 다시 튀어나오는 알파 입자가 있었던 것입니다.

이 발견이 왜 놀라운 걸까요? 일상에서 흔히 볼 수 있는 예로 설명해 보겠습니다. 농구공을 굴려서 멈춰 있는 농구공을 때리면 부딪친 뒤 같이 굴러가 버리지, 때린 공이 튀어나오는 일은 없습니다. 두 공의 무게가 비슷하기 때문입니다. 그런데 탁구공으로 농구공을 때리면 탁구공이 다시 튀어나옵니다. 농구공이 탁구공보다 훨씬 무겁기 때문입니다.

러더퍼드가 쏜 알파 입자는 상당히 무거운 입자입니다. 그런 알파 입자가 튀어나왔다는 건 원자 속에 아주 무거운, 그러니까 원자의 질량 전체가 꽁꽁 뭉쳐 있는 무언가가 존재한다는 뜻입니다. 그리고 그 무언가는 (+) 전기를 가지고 있는 알파 입자를 튕겨 내므로 같은 (+) 전기를 가지고 있을 것입니다. 또 튀어나오는 알파 입자가 아주 드물다는 건 대부분이 금박을 그대로 통과한다는 뜻이므로, 뭉쳐 있는 무언가의 크기가 아주 작을 것입니다. 이렇게 원자의 질량 거의 전부를 가지고 아주 작은 크기로 뭉쳐 있는 (+) 전기 입자를 지금 우리는 '원자핵'이라고 부릅니다. 러더퍼드는 바로 원자핵을 발견한 것입니다.

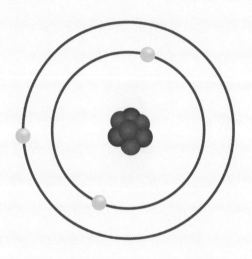

원자핵을 발견한 러더퍼드는 한가운데 원자핵이 있고
전자가 그 주위를 도는, 마치 태양계처럼 생긴
원자 모형을 제시했습니다.

한편 러더퍼드의 원자핵 발견보다 앞서, 톰슨은 원자 안에 전자가 있다는 사실을 발견했습니다. 전자는 (−) 전기를 가지고 있지요. 그런데 원자 전체는, 그리고 원자로 이루어진 우리 주변의 보통 물질은 전기량이 0입니다. 일상에서 정전기가 일어날 때를 제외하면 말이지요. 그러므로 전자의 (−) 전기와 원자핵의 (+) 전기를 합치면 총 전기가 0이 되어야 합니다. 이런 사실로부터 러더퍼드는, 원자는 매우 무거운 원자핵을 가운데 두고 가벼운 전자들이 그 주변에 돌아다니는, 마치 태양계의 모습과 비슷한 구조를 가졌다고 생각했습니다.

러더퍼드의 원자를 이해하려고 했던 물리학자들은 곧 엄청난 혼란에 빠졌습니다. 왜냐하면 기존의 물리학 이론으로는 원자를 전혀 설명할 수 없었기 때문입니다. 그렇게 작은 원자 속에서 전자가 빠르게 움직이고 있다면 그동안 알던 물리학 법칙으로는 원자가 안정적으로 유지되는 원리를 도저히 설명할 수 없었습니다. 하지만 우리는 원자와 원자가 만드는 물질이 엄청나게 안정된 상태라는 사실을 알고 있습니다. 원자는 여간해서는 변하지도 부서지지도 새로 생겨나지도 않습니다. 그리고 물질은 녹는점, 끓는점, 비열, 전기전도도 등 고유의 성질을 언제나 정확하게 보여 줍니다. 원자핵과 빠르게 움직이는 전자로 이루어진 원자가 어떻게 이렇게 안정된 성질을 가질 수 있는 것일까요?

러더퍼드의 원자에 대한 이론적인 설명을 처음으로 어느 정도 성공적으로 해낸 사람은 덴마크 출신의 물리학자 닐스 보어(Niels Bohr, 1885~1962)입니다. 보어는 과감하게 원자 속의 전자가 일정한 조건을 만족하면 안정된 상태를 이룬다고 가정했고, 그 결과 원자 속의 전자는 마음대로 움직이는 것이 아니라, 특정한 궤도와 그에 해당하는 특정한 에너지 값만을 가질 수 있다는 결과를 얻었습니다. 보어의 이론은 적어도 수소 원자에 대해서는 놀라우리만큼 정확하게 들어맞았습니다. 하지만 보어의 이론도 완전한 원자 이론은 아니었습니다. 이론 자체도 엉성한 구석이 많았고, 수소 원자를 제외한 다른 원자에는 올바른 결과를 주지 못했기 때문입니다.

그래도 물리학자들은 보어의 이론이 원자의 비밀을 풀 수 있는 실마리를 담고 있다고 생각했습니다. 그리고 보어 이론의 핵심 내용을 따라, 원자 속에서는 전자가 특정한 안정된 상태로만 존재해서 우리가 보는 물질의 안정된 성질을 보여 준다고 생각하게 되었습니다. 그 이후 물리학자들은 원자를 진정으로 이해하기 위해 더욱 노력했고, 마침내 1920년대 후반에는 완전히 새로운 이론 체계를 완성시켜 원자를 설명할 수 있게 됐습니다. 이 새로운 이론 체계를 양자역학이라고 합니다.

양자역학은 아주 작은 세계에 적용되는 물리학이에요

여기서 양자역학의 내용을 설명하기는 어렵습니다. 일단 여기에서는 양자역학이란 '원자나 그보다 작은 세계에 적용되는 물리학'이라고만 이야기하겠습니다. 양자역학은 단순히 법칙 몇 가지 혹은 방정식 몇 개를 말하는 것이 아닙니다. 아주 기본적인 수준에서 물리학 이론을 다시 구성했다고 해야 옳습니다.

물리학에 관심이 많은 사람이라면 양자역학에 대해서 여러 가지 신비한 이야기를 들었을지 모르겠습니다. 슈뢰딩거의 고양이라든가, 입자와 파동의 이중성 같은 무슨 주문 같은 이야기들 말이지요. 그런데 그런 내용은 대학에서 양자역학을 배우면 무슨 소리인지 다 알 수 있습니다. 그러니까 양자역학이 특별한 지식이긴 하지만, 신비한 그 무엇이라고 너무 부풀릴 필요는 없습니다. 물론 지금 인간이 양자역학을 완벽하게 이해하고 있는 것은 아니며, 양자역학의 '진정한' 의미에 대해서는 여전히 탐구 중입니다. 현재는 적어도 원자나 원자핵 그리고 기본 입자에 대해서 꽤 잘 설명할 수 있을 정도로는 양자역학을 알고 있다고 말할 수 있습니다.

먼저 생각해 봐야 할 점은, 우리가 원자를 이야기할 때 '과연 원자에 대해서 무엇을 이야기할 수 있는가' 하는 점입니다. 예를 들어 고양이에 대해 이야기한다면 보통은 고양이의 털이 무슨 색이고, 무게는 얼마나 나가고, 크기는 어느 정도인지 같은 이야기를 하겠죠. 이런 사실을 우리는 어떻게 알 수 있을까요? 고양이를 보면 색깔이나 크기는 곧 알 수 있습니다. 무게는 저울에 달아봐야 하겠군요. 그러면 원자에 대해서는 무슨 이야기를 할까요? 이 질문은 사실 이런 질문입니다. '우리는 원자에 대해서 무엇을 알 수 있을까요?'

처음에는 고전물리학에서처럼 전자가 원자핵 주위를 돌고 있는 모습을 상상하고 그러한 형태의 원자를 설명하려고 했습니다. 그러다가 차츰 이

• 1933년의 베르너 하이젠베르크 •

질문을 하게 됐습니다. 우리는 원자에 대해서 무엇을 알 수 있을까? 그리고 마침내 독일의 한 젊은이가 깨달았습니다. "우리는 원자 속에서 전자가 어떻게 움직이는지 알 수 없다! 그러니까 그걸로 물리학을 하려고 하면 안 된다!"

그 젊은이의 이름은 베르너 하이젠베르크(Werner Heisenberg, 1901~1976)입니다. 독일의 이론 물리학자인 하이젠베르크의 생각은 이랬습니다. 보어의 이론에서는 원자 속의 전자가 정해진 궤도를 따라 돌며 특정한 에너지 값만을 가질 수 있다고 했는데, 여기서 정해진 궤도를 가진다고 이야기하는 것도 옳지 않다는 것입니다. 원자는 고양이와는 달리 우리가 아무리 좋은 현미경을 만든다 해도 눈으로 직접 볼 수는 없습니다. 하물며 원자 속 전자의 궤도는 더욱 볼 수 없고 그 궤도에 대해서 뭔가를 알아낼 방법도 없습니다. 그러므로 전자가 궤도를 따라 돈다는 생각 자체가 틀렸다기보다 의미가 없다는 뜻입니다. 한편 전자의 에너지는 분광학이라는 방법을 통해서 확인할 수 있으므로 의미가 있습니다. 이런 식으로 그 젊은이는 원자에 대해서 우리가 정말로 확인할 수 있는 지식을 체계적으로 알아내는 방법을 제안했습니다.

한편 이와 거의 비슷한 시기에 스위스에 있는 취리히 대학교의 에르빈 슈뢰딩거(Erwin Schrödinger, 1887~1961)는 또 다른 새로운 생각을 했습니다. 이제까지 전자라고 하면 사람들은 당연히 작은 알갱이라고 생각했는데, 그러지 말고 전자를 물결이나 줄의 흔들림 같은 파동이라고 생각하자는 것이었습니다. 이러한 생각을 전제로 슈뢰딩거는 전자

• 1933년의 에르빈 슈뢰딩거 •

의 파동 방정식을 만들었는데, 놀랍게도 슈뢰딩거의 방정식을 이용하면 원자 속 전자의 에너지를 정확하게 계산할 수 있었습니다. 그러면 전자는 정말로 파동인 걸까요? 그런데 실험실에서 보면 전자는 분명히 위치가 정해져 있는 입자처럼 보입니다.

우리는 슈뢰딩거 방정식의 답인 파동을 이용해서 원자 속의 전자에 대한 여러 가지를 계산할 수 있습니다. 하이젠베르크의 방법으로도 마찬가지의 값을 구할 수 있습니다. 결국 이 두 이론은 동등하다는 게 확인되었습니다. 그러니까 슈뢰딩거의 파동 방정식도 하이젠베르크의 이론처럼 원자 속의 전자의 상태를 수학적으로 나타내는 한 가지 방법이었던 것입

니다(전자가 진짜로 파동이라는 말이 아닙니다). 하이젠베르크와 슈뢰딩거의 이론은 그 후 수학적으로 더욱 정교하게 다듬어지고 확장되어 양자역학으로 확립되었습니다.

양자역학이 열어 준 새로운 세계

우리가 원자에 대해서 알 수 있는 것은 실험실에서 원자를 가지고 실험해서 얻은 많은 데이터입니다. 고전물리학은 사과가 땅으로 떨어지는 것 같은, 우리 눈에 보이는 현상을 그대로 말해 주지만, 원자의 이론은 실험실에서 얻은 데이터들을 설명해야 합니다. 그래서 양자역학은 보다 추상적인 수학으로 이루어져 있습니다. 양자역학의 결과를 고전물리학처럼 머릿속에 그려 볼 수 없는 이유는 바로 그런 까닭입니다.

그렇다고 양자역학의 기본적인 내용이 어마어마하게 어려운 건 아닙니다. 모든 대학의 물리학과에서는 다 양자역학을 가르치고 있고, 물리학과 학생이라면 누구나 양자역학을 배웁니다. 양자역학은 물리학과 3학년 학생 정도의 물리학, 수학 지식이 있으면 누구나 배울 수 있습니다. 그러니 양자역학을 정말 알고 싶은 사람은 대학에 가서 배우면 됩니다. 사실 이번 장에서 이야기한 뉴턴 역학과 전자기학, 그리고 양자역학이 대학의 물리학과에서 배우는 핵심적인 내용이라고 할 수 있습니다.

양자역학을 이용해서 원자 수준에서 물질을 이해하게 되면, 이전과는

• 양자역학으로 인해 발전한 전자공학 •

차원이 다른 일을 할 수 있게 됩니다. 우리가 알고 있는 물질의 성질은 거의 다 원자 수준에서 생겨나기 때문입니다. 이 지식을 이용해서 오늘날의 기술 문명이 건설되었지요. 우리 주변에서 양자역학의 결과를 가장 잘 실감할 수 있는 예는 아마도 반도체일 것입니다. 반도체를 통해서 전자공학이 엄청난 발전을 이루었고, 그 결과 통신과 컴퓨터 분야가 탄생했습니다. 이제 현대사회는 컴퓨터가 없는 상태를 상상할 수 없게 되었지요. 약 30년 전까지만 해도 컴퓨터는 특정한 분야에서 특수한 목적으로만 이용하는 기계였는데, 이제 PC처럼 일상적인 기계가 되었을 뿐 아니라, 휴대전화는 물론이고 모든 가전제품, 자동차 등 우리가 사용하는 모든 기기의 일부가 되었습니다.

양자역학을 통해 반도체를 이해하지 않고 우연히 혹은 어떤 발명가가 시행착오를 좀 거치는 정도로는 전자공학이 발전할 수 없었을 것이고, 컴퓨터는 더더욱 만들어질 수 없었을 것입니다. 그러므로 양자역학은 우리 삶의 모습을 진정으로 바꿔 놓았다고 할 수 있습니다. 이러한 내용은 다음 장에서 좀 더 구체적으로 살펴보도록 하겠습니다.

모든 물질은 원자로 되어 있고, 원자는 원자핵과 전자로 이루어져 있습니다. 이제 물리학자들은 원자를 이해하게 되었습니다. 그럼 이제 다 이룬 것일까요? 물질 세상을 이해하는 데 필요한 지식을 모두 알게 되었을까요? 물론 그렇지 않습니다. 세상 일이 종종 그렇듯이, 원자를 이해하기 시작하면서 오히려 새로운 세계로 통하는 문이 열렸습니다. 물리학자들이 연구할 일이 더 잔뜩 생긴 것입니다.

입자물리학
물질은 궁극적으로 무엇일까요?

양자역학으로 원자를 이해한다는 말은, 정확히 말하면 원자 속 전자의 상태를 알 수 있다는 뜻입니다. 원자가 물질을 만들고 여러 가지 물리적, 화학적 성질을 보이는 것은 모두 전자의 작용이기 때문이지요.

그렇다면 대체 원자핵은 무엇이고, 어떻게 존재하는 걸까요? 물리학자들은 이런 의문을 가지고 원자핵을 더 깊이 연구하기 시작했습니다. 그러던 중 1932년에 영국의 물리학자 제임스 채드윅(James Chadwick, 1891~1974)이 원자핵 속에서 그보다 더 작은 입자인 중성자를 발견합니다. 중성자의 존재를 발견한 덕분에 우리는 비로소 원자핵의 구조를 알게 되었고 자세한 연구가 시작되었습니다.

원자핵을 만드는 힘은 무엇일까요

핵과 전자가 서로를 붙잡아서 한데 원자를 이루도록 하는 힘은 전자기력입니다. 그런데 원자핵은 양전기를 가진 양성자와 전기를 띠지 않은 중성자로만 이루어져 있지요. 중성자는 전기를 띠지 않으니 전기적인 힘은 받지 않을 것입니다. 그러니 원자핵 안의 양성자와 중성자를 붙잡고 있는 힘은 전자기력이 아니겠지요. 더구나 양성자들이 원자보다 훨씬 작은 원자핵 안에 모여 있으면 모두 (+) 전기를 띠고 있으니, 이들 사이의 전기력은 오히려 서로를 밀어내야 합니다. 그런데도 양성자와 중성자가 뭉친 원자핵은 엄연히 존재하고 있죠. 이는 무언가 새롭고 아주 강력한 힘이 양성자와 중성자 사이에 작용하고 있다는 말입니다.

일본의 이론물리학자 유카와 히데키(湯川 秀樹, 1907~1981)는 1935년에 원자핵을 이루기 위해 양성자와 중성자 사이에 작용하는 힘은 어떤 가상의 입자에 의하여 전달된다는 이론을 내놓았습니다. 원자핵의 성질을 만족하기 위해서는 힘의 크기는 아주 강한 대신에 힘이 미치는 거리는 원자핵 크기 정도로 아주 짧아야 했습니다. 그러기 위해서는 힘을 전달하는 입자가 전자보다 약 200배 정도 무거워야 했습니다. 유카와는 가상의 입자를 '중간자'라고 불렀는데, 이 이름은 중간에서 힘을 전달하는 입자라는 뜻이 아니라 질량이 전자와 양성자의 중간이라는 뜻에서 붙인 것입니다. 그리고 1946년 영국 브리스톨 대학교의 세실 프랭크 파월(Cecil Frank Powell, 1903~1969)이 이끄는 팀이 유카와의 입자를 발견했습니다. 이 업

적으로 유카와는 1949년에, 파월
은 1950년에 각각 노벨상을 받았
습니다. 2년 연속으로 노벨상이
주어진 것을 보면 이 업적이 당시
얼마나 중요하게 여겨졌는지 알
수 있습니다.

이제 물질의 궁극적인 단위는
원자가 아니라 양성자, 중성자,
전자로 판명되었습니다. 양성자
와 중성자가 결합해서 여러 종류
의 원자핵을 만들고, 이 원자핵에
전자가 결합하면 원자가 됩니다.

• 중간자의 존재를 예측한 유카와 히데키 •

백여 종류의 원자가 기본 단위인 것보다 세 개의 입자가 기본 단위인 것
이 더 근본적인 이론에 걸맞다고 생각되지 않나요? 더구나 이 세 입자는
묘한 대칭성을 가지고 있습니다. 우선 양성자와 중성자는 질량이 거의 같
고, 전자는 이들에 비하면 무시해도 좋을 만큼 질량이 작습니다. 즉, 질량
의 비는 양성자:중성자:전자가 1 : 1 : 0입니다. 한편 전하를 보면 양성자
와 전자의 전하는 크기가 똑같고 각각 (+)와 (−) 성질을 띱니다. 물론 중성
자는 전하가 0입니다. 그러니 전하의 비는 1 : 0 : −1입니다. 이것이 우연
일까요? 이들 사이에 더 심오한 관계가 있다고 봐야 하지 않을까요?

가속기가 알려 준 새로운 세계

새로운 기계가 발명되면서 원자핵 이하의 세계를 탐구하는 연구는 더욱 비약적으로 발전합니다. 그 새로운 기계란 바로 가속기입니다. 여러분도 아인슈타인의 특수 상대성 이론 안의 공식인 $E=mc^2$에 대해 들어 봤을 겁니다. 아마 세상에서 제일 유명한 공식일 거예요. 여기서 E는 에너지이고, m는 물체의 질량, 그리고 c는 빛의 속력입니다. 이 식은 모든 물체가 가지고 있는 질량이 곧 에너지라는 의미를 지니고 있습니다. 질량과 에너지는 동등한 물리량이고 서로 전환될 수도 있습니다. 이 식은 가속기에서도 매우 중요한 역할을 합니다. 가속기에서 입자를 가속시켜 충돌시키면 입자는 매우 높은 에너지 상태가 되고, 이때 에너지가 질량으로 전환되어 매우 무거운 입자가 만들어지는 것이지요.

1968년 미국의 스탠퍼드 대학교에 당대 최대 규모의 전자 가속기가 만

• 스탠퍼드 대학교 선형 가속기 센터의 입자 가속기는 20세기 중반 최대 규모의 전자 가속기였습니다. •

들어졌습니다. 여기에서 가속되어 매우 높은 에너지를 가진 전자로 양성자를 때리자, 전자와 양성자가 충돌한 것이 아니라 마치 전자가 양성자 속을 파고들어서 양성자 속에 있는 더 작은 입자들과 충돌한 것과 같은 결과가 나타났습니다. 이로 인해 양성자도 단순한 기본 입자가 아니라 다른 입자로 만들어진 입자라는 사실이 밝혀졌지요. 이 입자를 우리는 '쿼크'라고 부릅니다. 이 실험을 주도한 리처드 테일러(Richard Taylor, 1929~2018), 헨리 켄들(Henry Kendall, 1926~1999), 제롬 프리드먼(Jerome Friedman, 1930~)은 쿼크를 발견한 공로로 1990년 노벨 물리학상을 받았습니다.

전자와 비슷한 입자들도 잇달아 발견되었습니다. 또한 전자와 특별한 관계에 있는, 보이지 않는 입자의 존재도 이론적으로 예측되고 실험을 통해 발견되었습니다. 이 입자를 '중성미자'라고 부릅니다. 방금 보이지 않는 입자라고 했지만 중성미자는 완전히 보이지 않는 입자는 아니고, 상호작용이 매우 작아서 보통의 검출기에는 검출되지 않는 입자입니다. 쉽게 이야기해서 눈을 그냥 통과해 버리는 입자이지요.

상호작용의 크기는 검출되는 확률과 관계가 있습니다. 확률이 낮은 일이 일어나게 하려면 아주 많이 해보는 수밖에 없습니다. 그래서 중성미자를 '보려면' 아주 커다랗고 섬세한 검출기가 필요합니다. 이렇게 전자와 비슷하거나 특별한 관계에 있는 입자들을 통틀어 '렙톤'이라고 부릅니다

지금 우리는 물질의 기본 단위는 여섯 종류의 쿼크와 여섯 종류의 렙톤이라고 생각하고 있습니다. 그리고 이들을 설명하는 매우 훌륭한 방정식도 가지고 있습니다. 미국의 스티븐 와인버그(Steven Weinberg, 1933~

2021)와 셸던 글래쇼(Sheldon Glashow, 1932~), 파키스탄 출신의 압두스 살람(Abdus Salam, 1926~1996)이 이 방정식을 수립한 공로로 1979년에 노벨 물리학상을 받았습니다. 이 방정식은 '표준모형'이라고 부르는데, 지금까지 우리가 탐구해 온 물리학의 집대성이라고 할 수 있습니다.

하지만 왜 이만큼의 쿼크와 렙톤이 있는지는 모르며, 다른 쿼크와 렙톤이 더 있는지도 알지 못합니다. 이것 말고도 아직 우리는 표준모형에서 이해하지 못하는 부분이 많습니다. 아마도 이런 질문들에 대답하기 위해서는 물질의 궁극적인 상태가 무엇인지를 이해해야 하겠지요. 이를 위해서 물리학자들은 계속해서 물질을 이루는 가장 기본적인 입자들과 이들의 상호작용을 탐구하고 있습니다.

일반 상대성 이론
우주를 어떻게 이해해야 할까요?

영화 〈인터스텔라〉를 보면 블랙홀의 장대한 모습이 등장합니다. 또한 블랙홀을 찾아가기 위해서 등장인물들은 웜홀이라는 괴상한 공간을 지나갑니다. 블랙홀 속으로 들어간 주인공은 딸과 자신이 함께 있는 과거의 시간으로 되돌아가기도 합니다. 황당하게 느껴지기도 합니다만, 이는 단지 예술가의 상상력뿐만 아니라 아인슈타인의 일반 상대성 이론에 그 뿌리를 두고 있습니다.

중력과 가속 운동의 효과가 같다고요?

앞에서 특수 상대성 이론을 설명할 때, 일정한 속도로 움직이는 두 물체가 있다면 두 물체가 각각 움직이고 있는 상태인지 멈춰 있는 상태인지 서로 구별할 수 없다고 했지요. 그런데 속도가 일정하지 않고 변하면, 즉 가속 운동을 하면 어떻게 될까요? 가속 운동을 하면 우리는 그 사실을 금방 알아차릴 수 있습니다. 엘리베이터를 타보면 올라가기 시작할 때 혹은 올라가다가 멈출 때 몸이 살짝 무거워지거나 가벼워지는 걸 느낄 수 있는데, 그것이 바로 가속 운동의 효과입니다. 또는 차를 타고 가다가 차가 커브 길을 돌면 몸이 바깥쪽으로 밀려나는데, 이 역시 가속 운동의 효과입니다. 그러니까 일정한 속도로 운동할 때는 누가 움직이는지를 구별할 수 없고 상대적인 운동만 중요했지만, 가속 운동을 하는 경우는 움직이는지 아닌지가 분명히 구별이 됩니다.

그러면 물체가 가속 운동을 할 때, 다른 물체와의 상대적인 운동은 어떻게 다루어야 할까요? 이것이 아인슈타인의 다음 과제였습니다. 아인슈타인은 이 문제를 두고 고민하다가, 어느 날 문득 빌딩에서 떨어지는 사람의 발밑에 체중계를 놓으면 체중계도 사람과 같이 떨어지기 때문에 체중계의 눈금이 0을 가리킬 것이라는 생각을 떠올렸다고 합니다. 이 생각은 매우 알기 쉬우므로 여기부터 이야기해 봅시다.

평소에 우리가 체중계에 올라가면 체중계의 바늘이 가리키는 숫자는 우리의 몸무게입니다. 몸무게란 그만큼의 힘을 우리가 받고 있다는 뜻이지요. 그 힘은 물론 중력입니다. 그런데 빌딩에서 떨어지는 사람의 발밑에 있는 체중계가 0을 가리킨다는 말은, 힘을 더 이상 받지 않는다는 뜻입니다. 한편 떨어지는 사람은 가속 운동을 하고 있습니다. 따라서 체중계의 숫자가 0이라는 말은 가속 운동이 중력을 상쇄시켜서 0으로 만들었다는 의미입니다. 아인슈타인은 이로부터 가속 운동의 효과와 중력의 효과는 동일하다는 결론을 내렸습니다. 이 결론을 등가원리라고 부릅니다. 등가원리에 따르면 가속 운동에서 상대성의 문제는 중력 속에서 운동의 문제로 생각할 수 있습니다. 아인슈타인은 이 문제를 해결함으로써 일반적인 상대 운동을 기술하는 방정식을 구할 수 있었습니다.

그런데 중력의 작용은 이미 뉴턴이 잘 설명하고 있지 않나요? 그렇습니다. 뉴턴의 중력 법칙은 300년 동안 천체의 운동을 놀랍도록 잘 설명해 왔습니다. 하지만 뉴턴의 중력 이론은 아인슈타인의 특수 상대성 이론과 맞지 않았습니다. 상대성 이론이 움직이는 물체들의 운동을 설명하는 역학의 기본 원리라면, 상대성을 만족시키지 못하는 뉴턴의 중력 이론은 완전한 이론이 아니라는 의미입니다. 그래서 상대성 이론에 맞는 중력 이론을 세우는 것 역시 이론물리학자들의 과제 중 하나였지요. 그러니까 아인슈타인은 전혀 달라 보이는 여러 문제들(일반적인 상대성 문제, 특수 상대성 이론에 맞는 중력 문제)이 사실은 하나의 문제임을 간파해 낸 것입니다. 이런 직관이 바로 아인슈타인의 위대한 점입니다.

일반 상대성 이론은 중력을 설명해요

그러면 중력을 어떻게 기술할 것인가? 아인슈타인은 여기서 한발 더 나아가서 완전히 새로운 방법으로 이 문제를 해결했습니다. 그 방법은 기하

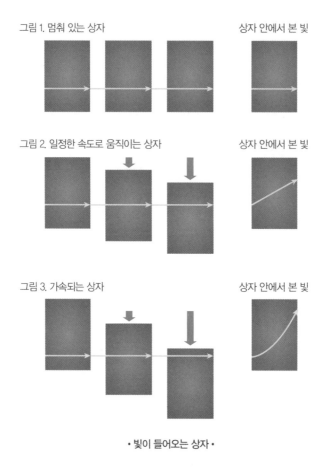

그림 1. 멈춰 있는 상자

상자 안에서 본 빛

그림 2. 일정한 속도로 움직이는 상자

상자 안에서 본 빛

그림 3. 가속되는 상자

상자 안에서 본 빛

• 빛이 들어오는 상자 •

학을 이용하는 것이었습니다. 다음의 그림을 봅시다. 그림 1은 멈춰 있는 상자의 창문으로 빛이 들어오는 모습입니다. 빛은 물론 수평으로 직진합니다. 그림 2는 상자가 일정한 속도로 움직이고 창문으로 빛이 들어오는 경우입니다. 바깥에서 보면 빛이 수평으로 직진하지만 상자 안에서 보면 상자가 움직이는 만큼 빛이 기울어져서 오는 것으로 보입니다. 그림 3은 상자가 가속 운동을 하는 경우입니다. 상자 안에서 보면 빛은 휘어지는 것처럼 보이게 됩니다. 이런 식으로 생각해서, 아인슈타인은 가속 운동의 효과를 휘어진 공간을 이용해서 나타낼 수 있지 않을까 생각했습니다. 앞에서 설명했듯 가속 운동의 효과는 곧 중력의 효과와 같으므로, 이는 곧 중력의 효과를 휘어진 공간의 기하학으로 나타낸다는 말입니다.

아인슈타인이 등가원리를 처음 떠올린 건 1907년이라고 합니다. 아인슈타인은 1915년에야 최종적인 일반 상대성 이론 방정식을 발표했으므로 이 이론을 완성하는 데에 8년이 넘는 세월이 필요했던 셈입니다. 이 시간의 많은 부분은 휘어지는 시공간을 기술하기 위해서 리만 기하학이라는 수학의 한 분야를 배우고 적용하는 데 들어갔습니다. 일반 상대성 이론은 당대의 많은 수학자와 물리학자들에게 충격과 감동을 주었습니다. 수학자 헤르만 바일은 이렇게 말했을 정도입니다.

아인슈타인의 상대성 이론은 우주의 구조에 대한 우리의 관념을 한 발자국 더 나아가게 했다. 마치 진실과 우리 사이를 가로막는 벽이 무너진 듯하다.

우리가 사는 공간은 팽창하고 있어요

일반 상대성 이론은 중력을 시공간의 기하학으로 나타냅니다. 따라서 이 방정식에서 다루는 양은 바로 시공간입니다. 좀 더 정확히 말하면, 물질이 있을 때 주변의 시공간이 어떻게 되는지를 나타내는 방정식이지요. 그래서 이 방정식을 풀면 결국 우리 우주 자체도 기술할 수 있습니다. 그런데 몇 년 후 소련의 수학자이자 물리학자인 알렉산드르 프리드만(Alexander Friedmann, 1888~1925)이 이 방정식을 풀어서 독특한 답을 발견했습니다. 시공간이 휘어진 정도에 따라 공간은 시간이 지나면 커질 수도 있고 작아질 수도 있다는 것이었습니다.

아인슈타인을 비롯한 물리학자들은 처음에 이 답을 실제 우주와는 관계없는 수학적인 답이라고만 생각했습니다. 왜냐하면 당시까지 사람들은 우주가 당연히 시작도 끝도 없고 경계도 없이 무한하며 영원히 변치 않고 존재한다고 생각했기 때문입니다. 1927년 벨기에 출신의 신부이자 과학자였던 조르주 르메트르(Georges Lemaître, 1894~1966)가 아주 작은 원시 우주가 자라나서 우리 우주가 되었다는 우주론을 제시하기도 했지만, 대부분의 사람들은 이를 진지하게 받아들이지 않았습니다.

그러던 1929년, 당대 가장 큰 망원경을 보유하고 있던 미국 윌슨산 천문대에서 에드윈 허블(Edwin Hubble, 1889~1953)이 모든 은하가 서로 멀어지고 있다는 사실을 발견했습니다. 각각의 은하들이 각각 움직여서는 이런 일이 일어나지 않습니다. 우주 전체가 팽창해야만 이런 일이 일어날 수 있지요. 이 말의 의미가 이해되지 않는다면 밀가루 반죽 속에 건포도가 박혀 있는 모습을 상상해 봅시다. 반죽이 부풀어서 빵이 되면 건포도들 사이의 거리는 모두 멀어지게 됩니다.

허블의 발견은 역사상 가장 중요한 발견으로 기억될 만한 일이었습니

우주 관찰에 혁혁한 공을 세운 허블 우주망원경은
우주가 팽창하고 있다는 사실을 밝혀낸 천문학자
에드윈 허블의 이름을 따서 지어졌습니다.

다. 인간이 우주 전체의 모습에 대해서 구체적인 지식을 얻은 것이니까요. 허블의 발견 이후로 알렉산드르 프리드만의 답이 다시 논의되었고, 놀랍게도 일반 상대성 이론이 팽창하는 우주를 잘 설명할 수 있다는 것이 확인되었습니다. 또한 허블의 발견 역시 수많은 다른 실험을 통해 확인되고 보완되었지요. 우주론이 물리학과 만나서 정밀과학이 된 것입니다.

가장 처음에 우주는 어떻게 생겨났을까요

우주가 점점 팽창하고 있다면, 시간을 과거로 거슬러 올라가면 우주는 점점 작아지겠지요. 과연 정말로 그럴까요? 소련에서 미국으로 망명한 물리학자 조지 가모프(George Gamow, 1904~1968)와 그의 학생 랠프 앨퍼(Ralph Alpher, 1921~2007)는 탄생 당시의 우주는 거의 하나의 점이었을 것이고, 그렇게 작은 우주에서 원자핵이 만들어질 수 있다는 아이디어를 1948년에 제안했습니다. 가모프의 이론은 핵물리학의 발전에 힘입은 것이었습니다. 이로써 에너지가 모여 있는 하나의 점에서 시공간과 물질이 만들어지면서 우주가 시작되었다는 빅뱅 이론이 탄생했습니다.

우주론은 다른 물리학 이론과는 달리 검증하기가 매우 힘듭니다. 왜냐하면 우주는 어쨌거나 하나뿐이고, 우리 마음대로 우주의 탄생과 죽음을 실험해 볼 수도 없기 때문입니다. 빅뱅 이론이 여러 증거와 맞는다고 해도 결정적으로 옳다고 증명하기는 어렵습니다. 그런 중에 빅뱅 이론의 가장 중요한 증거로 받아들여진 것이 우주배경복사의 존재입니다. 우주배경복사란 우주 전체에 균일하게 퍼져 있는 전자기파를 의미합니다. 이런 전자기파가 어떻게 빅뱅 이론의 증거가 되었을까요?

빅뱅 이론에 따르면, 우주의 초기에는 지금처럼 커다란 우주가 아주 작은 점으로 뭉쳐 있었으므로 에너지 밀도가 아주 높았을 것입니다. 에너지 밀도가 높다는 말은 아주 뜨거운 상태라고 생각하면 됩니다. 이런 상태에서는 모든 입자들이 결합하지 않고 제멋대로 움직이지요. 이런 상태를 플라스마 상태라고 합니다. 태양의 내부만 해도 높은 온도 때문에 원자핵과 전자가 결합해 있지 않고 제멋대로 돌아다니는 플라스마 상태입니다. 우주 초기는 이보다 훨씬 더 에너지가 높으니까, 아마도 전자 같은 입자인 렙톤과 쿼크가 돌아다니고 있었을 것입니다.

그러다가 우주가 팽창하면서 에너지 밀도가 내려가면 어느 순간부터는 쿼크가 양성자를 이루고 나서 다시 떨어져 나오지 못합니다. 마찬가지로 원자핵과 전자가 따로 돌아다니다가 어느 온도에 이르면 결합해서 원자를 이루고는 다시 떨어지지 못합니다. 그런데 원자를 이루게 되면, 이제 물질들은 더 이상 전기를 띤 입자가 아니라 전기적으로 중성인 상태가 됩니다. 그러면 그때까지 원자핵과 전자들이 주고받던 전자기파는 더 이상 흡수되거나 방출되지 않고 그대로 남게 되지요. 이렇게 우주 전체에 남아 있는 전자기파가 바로 우주의 배경복사입니다.

우주배경복사는 앨퍼와 로버트 허먼(Robert Herman, 1914~1997)이 일찍이 제안했던 적이 있습니다. 하지만 당시에는 큰 관심을 받지는 못했지요. 그런데 1960년대에 벨 연구소의 아노 펜지어스(Arno Penzias, 1933~)와 로버트 윌슨(Robert Wilson, 1936~)이 안테나를 개발하는 과정에서 우연히 발견했습니다. 전해지는 이야기로는 프린스턴 대학교의 로버트 딕(Robert Henry Dicke, 1916~1997)과 동료들이 우주배경복사를 주목하고 막 측정하려는 찰나, 펜지어스와 윌슨의 전화를 받았다고 해요. 전화의 내용은 우리가 당신들이 찾는 걸 발견한 것 같다는 말이었죠. 펜지어스와 윌슨은 이 공로로 1978년에 노벨 물리학상을 받았습니다. 딕은 안타깝게 되었죠? 하지만 딕 팀의 제임스 피블스(James Peebles, 1935~)는 우주론에 이론적으로 공헌한 업적을 인정받아 결국 2019년에 노벨 물리학상을 받습니다.

우주배경복사는 현재 천문학의 가장 중요한 관측 대상입니다. 우주배경복사에는 우주 초기의 정보가 그대로 담겨 있기 때문입니다. 현재는 주로 위성을 통해서 우주배경복사의 분포를 정밀하게 측정하고 있습니다. 그 밖에도 많은 관측 실험이 수행되었고, 지금도 진행되고 있습니다.

슈뢰딩거의 고양이가
도대체 무엇인가요?

양자역학 분야에서 가장 유명한 동물은 아마 고양이일 것입니다. '슈뢰딩거의 고양이'라는 말을 한 번쯤은 들어 봤을 거예요. 슈뢰딩거는 양자역학을 만든 과학자 중 한 사람입니다. 이 이야기는 슈뢰딩거가 아인슈타인과 양자역학의 의미에 대해 이야기하면서 나온 일종의 사고실험인데, 양자역학의 여러 미묘한 점을 매우 실감 나게 표현하고 있어서 엄청나게 유명해졌습니다. 워낙 유명한 이야기라서 소개하는 글을 찾기 어렵지 않지만, 여기서 양자역학의 중요한 개념 위주로 간단히 정리해 보겠습니다.

상자 속에 고양이가 들어 있습니다. 한편에는 방사성 원소가 있습니다. 방사성 원소는 시간이 지남에 따라 방사성 붕괴가 일어나 방사선을 방출하는 원소입니다. 여기에 방사성 원소에서 방사선이 나오면 상자 속으로 독가스를 넣는 장치를 연결해 놓았습니다. 그러면 방사성 원소가 붕괴하면 독가스가 나와서 고양이가 죽고, 붕괴하지 않으면 고양이는 살아 있겠지요. 그러니까 고양이가 살고 죽는 일이 방사성 원소가 붕괴하느냐 아니냐의 문제가 됩니다.

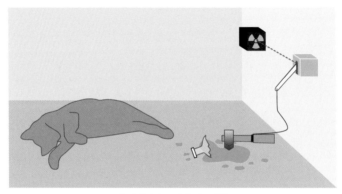

• 슈뢰딩거의 고양이 사고실험 •

양자역학에 따르면 지금 현재 방사성 원소가 붕괴했는지 아닌지는 확률로만 말할 수 있습니다. 양자역학에서는 이러한 상태를 붕괴한 상태와 붕괴하지 않은 상태가 '중첩'되어 있다고 말합니다. 그런데 방사성 원소의 붕괴와 고양이의 생사가 직접 연결되어 있으므로, 고양이가 살아 있는 상태와 죽어 있는 상태가 동시에 중첩되어 있다고 할 수 있습니다. 즉, 고양이는 살아 있기도 하고 죽어 있기도 한 셈입니다.

슈뢰딩거가 이 이야기를 한 이유는 다음과 같습니다.

(1) 고양이가 살아 있기도 하고 죽어 있기도 하다는 것은 말이 되지 않는다.

(2) 우리가 상자를 열어 보지 않아서 살았는지 죽었는지를 알 수는 없지만, 상
    자 안에서 고양이는 분명 살아 있거나 죽었거나 둘 중 하나일 것이다.

(3) 그러므로 고양이의 생사를 결정하는 방사성 원소도 붕괴했든가 붕괴하
    지 않았든가 둘 중 하나의 상태에 있을 것이다.

슈뢰딩거는 양자역학적으로 중첩된 상태를 확률로 이야기하는 것은 양
자역학이 불완전해서 그런 것이지, 정말로 두 상태가 동시에 존재하는 것
은 아니라고 주장했던 것입니다.

어때요, 슈뢰딩거의 말이 당연해 보이나요? 그런데 이 논의는 슈뢰딩거
의 생각과는 다르게 흘러갑니다. 양자역학이 만들어지는 데 공헌한 다른
과학자들은 이 이야기를 듣고, '양자역학은 분명 옳고 방사성 원소가 붕괴
했는지는 확률적으로만 정해지는 것이 맞다. 그러므로 고양이는 살아 있
기도 하고 죽어 있기도 한 것이다.'라고 주장한 것입니다. 여기서부터 물
리학과 철학의 경계를 넘나드는 복잡한 논쟁이 되었고, 이 논쟁은 아직 결
말이 나지 않은 상태입니다. 여러분은 어떻게 생각하시나요?

물리학은 우리 생활에
어떻게 이용되나요

물리학이라고 하면 우주의 기원이나 블랙홀처럼, 우리 일상과는 다소 먼 이야기를 다루는 학문이라고 생각하는 경우가 많습니다. 하지만 앞서 살펴본 것처럼, 물리학은 우리 주변과 우리 자신에게도 적용되는 일입니다. 또한 물리학이 발전하지 않았다면 우리가 사는 세계는 지금의 모습과 크게 달랐을 것입니다.

이번 장에서는 우리 주변에서 물리학이 어떻게 이용되고 있는지 찾아보겠습니다. 앞의 1장에서 말한 바와 같이 물리학은 우리가 알고 있는 물질 우주 전체에 작용되므로, 우리가 보고 느끼고 경험하는 모든 곳에서 물리학의 원리를 찾아낼 수 있습니다.

물리학으로 우리가 사는 지구를
이해할 수 있어요

우리는 자연법칙이라는 말을 쉽게 쓰지만, 사실 자연법칙이라고 부르는 것들의 성격은 다양합니다. 그중에는 심오한 원리나 정말로 기본적인 법칙도 있지만, 단순한 지식이나 우연한 결과도 있습니다. 예를 들어서 지구의 자전축이 공전축에 대해 약 23.5도 기울어져 있다는 사실은 우연한 결과이며 단순한 지식이지요. 이 결과는 뉴턴의 중력 법칙으로부터 나온 결과가 아니고, 다른 물리법칙으로부터 유도될 수도 없습니다. 아마도 아주 오랜 옛날에 물질들이 뭉쳐서 지구를 만들 때의 어떤 치우침, 혹은 그 이후에 지구 주변을 어떤 물체가 스쳐 지나가거나 충돌해서 준 영향이 합쳐진 결과일 것입니다. 어쨌든 그 결과로 계절이라는 현상이 생겼지요.

그러면 이런 단순한 지식이나 우연한 결과가 아니라, 자연에서 찾아볼 수 있는 물리학적 법칙에는 어떤 것들이 있을까요? 대표적으로 몇 가지만 알아보겠습니다.

동서남북은 어떻게 정해졌을까요

너무나 당연한 자연법칙을 이야기할 때 흔히 예로 드는 말이 "해는 동쪽에서 뜨고 서쪽으로 진다."라는 말입니다(반대로 말도 안 되는 상황을 이야기할 때는 보통 "해가 서쪽에서 뜰 일"이라고 합니다). 이 말을 좀 더 자세히 생각해 봅시다. 우선 동쪽과 서쪽이라는 말 자체는 그냥 이름이라고 할 수 있습니다. 그러니까 우리가 해가 뜨는 쪽을 동쪽이라고 부르고 해가 지는 쪽을 서쪽이라고 부르기로 약속했다는 말입니다. 그러니까 해가 동쪽에서 뜬다는 말은 맞을 수밖에 없는 말입니다. 따라서 "해는 동쪽에서 뜬다."라는 말에 들어 있는 중요한 자연법칙은 동쪽이라는 말이 아니라, 해는 늘 같은 쪽에서 뜬다는 사실에 있습니다.

• 동쪽에서 뜨는 태양 •

그런데 가만히 생각해 보면 "해가 서쪽으로 뜬다."라는 말은 종종 해도 해가 남쪽에서 뜬다거나 북쪽으로 진다는 말은 잘 안 합니다. 왜 그럴까요? 아마도 남북 방향은 해가 뜨고 지는 것과는 무관하기 때문이겠지요. 그러면 이번에는 남쪽과 북쪽을 생각해 봅시다. 남쪽과 북쪽은 우리 주변을 네 가지 방향으로 구분할 때 해가 뜨고 지는 방향이 아닌 다른 두 방향을 가리킵니다. 한편 남북하면 또 무엇이 생각날까요? 나침반은 어떨까요? 나침반의 바늘은 언제나 남극과 북극을 가리키니까 말이에요.

그러면 이렇게 해가 뜨고 지는 방향(동−서)과 나침반의 바늘이 가리키는 방향(남−북)이 서로 수직인 것은, 그래서 '동서남북'으로 모든 방향을 가리킬 수 있는 것은 우연일까요?

나침반의 양 바늘이 언제나 남쪽과 북쪽을 가리키는 데에는 지구 자체가 거대한 자석이라는 사실과 깊은 관련이 있습니다. 그리고 지구가 거대한 자석인 이유는 지구 중심에 있는 핵의 바깥쪽에 액체 상태의 철 이온이 움직이기 때문이라고 여겨지고 있지요. 철 이온이 움직이는 이유는 여러 가지가 있지만, 지구의 자전이 중요한 역할을 하는 것은 거의 확실합니다. 철 이온의 움직임에 따라 지구의 자기장은 끊임없이 움직이며, 과거 수십만 년 전에는 지금과 반대로 나침반의 N극이 남쪽을 향하고 S극이 북쪽을 향하도록 뒤집혀 있기도 했습니다. 그래도 지구의 자기장은 항상 지구 자전축 방향으로만 생기는 것으로 보입니다. 그러니까 나침반이 가리키는 방향인 남−북 방향은 항상 지구의 자전축 방향입니다.

자, 이제 정리해 봅시다. 해가 뜨고 지는 일은 지구의 자전 때문이므로 해가 뜨고 지는 방향인 동-서 방향은 항상 지구 자전축의 수직 방향입니다. 지구의 자기장은 지구 자전축 방향으로 생기므로 나침반은 지구 자전축 방향을 가리키고요. 결국 해가 뜨고 지는 방향과 나침반 방향은 항상 수직일 수

• 언제나 지구 자전축 방향을 가리키는 나침반의 바늘 •

밖에 없고, 그래서 동서남북이라고 하면 모든 방향을 가리키게 됩니다. 우리가 해는 동쪽에서 뜬다고 할 때, 그 안에는 사실 이런 물리학의 원리들이 담겨 있는 것이지요.

지구 자기장은 지상의 생명체들을 보호해 줘요

이왕 지구 자기장 이야기가 나왔으니 한 가지 더 이야기해 보도록 하겠습니다. 자기장이 주는 힘은 로런츠의 힘 법칙으로 표현됩니다. 로런츠의 힘 법칙은 고등학교 때쯤에 자세히 배우겠지만, 대략적인 내용은 초등학교 과학 시간에도 나옵니다. 나란히 놓인 두 전선에 전류가 흐를 때, 전류의 방향에 따라 두 전선 사이에 어떤 힘이 작용하는지 배운 것이 기억나나

요? 이 힘이 바로 로런츠의 힘입니다.

로런츠 힘 법칙은 자기장의 방향과 전류의 방향 혹은 전기를 띤 입자가 움직이는 방향, 그리고 이 입자에 작용하는 힘의 방향은 모두 서로 수직이라는 내용입니다. 이 법칙을 이용해서 우리는 전기 모터나 발전기를 만들 수 있었지요. 발전기에 대해서는 다음 절에 좀 더 자세히 이야기해 보기로 하고, 일단 여기서는 지구 자기장에 초점을 맞춰 이야기를 하겠습니다.

태양은 지구에 가장 큰 영향을 미치는 존재입니다. 우리는 모두 태양에서 오는 에너지를 받아서 살아간다고 해도 과언이 아닙니다. 그런데 태양에서는 에너지가 빛의 형태로만 나오는 게 아니라, 입자 형태로도 나옵니다. 태양의 표면에서 일어나는 격렬한 반응에 의해 태양을 이루고 있는 입자들이 높은 에너지를 가지고 방출되거든요. 태양의 높은 온도 때문에 이 입자들은 원자 상태가 아니라 전기를 띤 전자와 양성자 상태입니다. 이렇게 높은 에너지의 입자를 받는 건 방사선을 쐬는 일과 같아서, 생명체에게는 치명적이지요.

다행히도 지구 주변에는 자기장이 있습니다. 북극이 S극, 남극이 N극이므로 자기장은 남극에서 북극으로 가는 방향, 즉 경선 방향입니다. 로런츠의 힘 법칙에 따라, 태양에서 지구를 향해 날아오던 입자들은 지구 자기장에 의해 옆으로, 즉 위선 방향으로 휘어지는 힘을 받게 됩니다. 그래서 지구는 마치 방패를 두른 것처럼 자기장에 의해 태양에서 오는 입자들로부터 보호를 받고 있습니다. 그 결과 우리를 비롯한 생명체들이 지구 위에서 살 수 있게 되었습니다. 로런츠의 힘 법칙 때문에 우리가 살아 있다고

• 태양으로부터 나오는 입자를 막아 주는 지구 자기장의 개념도 •

말하면 좀 이상하게 들리니까, 지구 자기장 덕분에 우리가 살 수 있다고 하는 게 좋겠네요.

말이 나온 김에 한 가지만 더 이야기하자면, 이렇게 태양으로부터 온 입자들의 흔적이 오로라입니다. 입자들은 휘어지면서 대기권 상층부의 공기 분자와 충돌합니다. 공기 분자들은 입자와 충돌해서 에너지를 받으면 에너지가 들뜬 상태가 되었다가 다시 안정된 상태로 돌아가는데, 이때 에너지를 빛의 형태로 방출합니다. 이렇게 나오는 빛이 바로 오로라입니다. 공기 분자는 주로 질소와 산소이므로, 오로라의 빛은 주로 질소와 산소의 스펙트럼에 해당하는 빛으로 이루어져 있지요.

태양의 활동이 활발해져서 입자들이 태양으로부터 더 높은 에너지를 가지고 많이 나올 때는 오로라도 더 많이 생기고 여러 가지 양상을 보입니다. 예를 들어 보통 때는 오로라가 주로 대기권 위쪽 부분에서 생기지만, 높은 에너지의 입자가 많으면 입자가 대기권에 더 깊이 들어오게 되므로 낮은 고도에서도 오로라가 생기게 됩니다.

GPS는 우리의 위치를 어떻게 알 수 있을까요?

여러분이 아직 직접 자동차를 운전하지는 않겠지만 원하는 위치나 가는 길을 찾아주는 내비게이션 시스템은 알고 있을 것입니다. 요즘은 스마트폰을 이용해서도 내비게이션 시스템을 손쉽게 이용할 수 있으므로 이미 길을 찾느라고 사용해 본 사람도 많이 있겠네요. 내비게이션 시스템이 내가 가는 길과 주변의 상황을 알려줄 수 있는 까닭은 내비게이션 시스템이 지구 위에서의 위치를 파악하는 GPS 시스템을 이용하는 덕분입니다.

GPS란 광역 위치 확인 시스템(The Global Positioning System)의 약자입니다. 위성항법시스템이라고도 부르지만, 요즘은 그냥 GPS라고 쓰는 경우가 더 많습니다. GPS는 고도 2만 200킬로미터에 떠 있는 30여 개의 위성을 이용해서 지구 표면의 위치를 결정하고 사용자에게 알려 주는 네트워크 시스템입니다. 위성들은 전파를 통해 일정한 간격으로 자신의 위치와 시간을 알리면서 하루에 지구를 두 바퀴씩 돕니다. GPS는 미국이 소유하고 있으며 미 우주군(United States Space Force)이 시스템 개발과 유지, 보수 및 운용을 맡고 있습니다.

오로라는 태양으로부터 날아온
입자들이 지구 자기장의 공기 분자와 충돌하며
생겨나는 현상입니다.

• GPS 위성의 개념도 •

위성은 지구 위 어디서든 언제나 적어도 네 개의 위성을 볼 수 있도록 배열되어 있습니다. 하나의 위성이 지평선을 넘어가면 다른 위성이 나오는 식입니다. 따라서 GPS 수신기는 언제나 네 개 이상의 위성에서 계속 위치와 시간 정보를 받고 있습니다. 그러면 수신기가 위성의 위치와 시간 정보로부터 위성까지의 거리를 계산하고 그 정보를 조합해서 현재의 위치를 결정합니다.

위성의 개발이나 운용, 전파의 송수신에도 물론 물리학이 필요하지만, GPS에는 좀 더 직접적으로 물리학의 원리가 적용되는 부분이 있습니다. 위성의 속도에 따라, 그리고 위성이 받는 중력이 달라 생기는 시간차 문제이지요.

위성의 시간은 각각의 위성이 갖추고 있는 원자시계에 의해 정확히 유지됩니다. 그런데 위성이 매우 빠른 속도로 움직이고 있으므로 특수 상대성 이론에 따르면 지상에 있는 사람에 비해서 시간이 느리게 흐릅니다. 한편 위성은 매우 높은 고도에 있으므로 중력의 영향을 적게 받기 때문에 일반 상대성 이론에 따르면 지상에 비해서 시간이 빠르게 흐릅니다. 이런 효과가 우리 일상에서는 감지하기 어려울 만큼 작지만 정밀한 GPS 장치에서는 눈에 띄는 차이를 만들기 때문에, 위치의 정확도를 높이기 위해서는 두 가지 효과를 모두 고려해야 합니다. 그래서 우리가 사용하는 GPS 수신기는 위성으로부터 받은 데이터를 가지고 특수 상대성 이론과 일반 상대성 이론의 효과를 모두 계산해서 위성 각각의 정확한 시간을 계산하고, 이로부터 우리의 위치를 정확히 알려 줍니다.

이렇게 현대물리학은 최첨단 기술에 깊숙이 스며들어 있습니다. 거꾸로 생각하면 우리는 GPS를 사용할 때마다 상대성 이론이 옳다는 사실을 확인하고 있는 셈입니다.

여기에 소개한 분야 이외에도 수많은 분야에서 물리학은 중요한 역할을 하고 있습니다. 현대물리학을 통해서 우리는 물질과 우주의 진정한 모습을 이해해 나가고 있고, 우리의 삶은 더욱 풍요로워지고 있습니다. 이 정도면 우리는 현대물리학이라는 학문 위에서 살고 있다고 해도 과장이 아닐 것입니다.

우리는 빛을 통해 세상을 볼 수 있어요

빛은 아마도 가장 오래된 과학적 탐구의 대상일 것입니다. 지금까지 발굴된 가장 오래된 거울은 무려 기원전 6,000년 전의 물건으로 알려져 있고, 그 밖에 이집트, 메소포타미아, 중국 등에서도 기원전 2,000년 이전의 거울이 발굴되었을 정도입니다.

빛은 현대물리학을 발전시키는 데에도 핵심적인 역할을 했습니다. 앞에서 보았듯이 아인슈타인의 상대성 이론은 다른 관성계에서 빛을 관찰할 때의 문제를 연구한 결과고, 양자역학은 원자의 내부에서 나오는 빛인 선 스펙트럼을 설명하기 위해 만들어졌습니다. 한편 이런 물리학의 첨단 연구가 아니더라도 빛은 우리에게 너무나도 친숙하고, 늘 언제나 우리와 함께하는 대상입니다. 우리는 빛을 통해 세상을 보기 때문입니다.

바다는 빨간색 빛을 흡수해서 파랗게 보여요

우리 주변에 제일 흔한 빛은 물론 햇빛입니다. 햇빛은 흔히 백색광이라고 불리지요. 하지만 햇빛이 흰색이라는 한 종류의 빛으로 이루어진 것이 아니라는 사실은 잘 알려져 있습니다. 뉴턴이 했듯이 프리즘만 있으면 우리도 햇빛이 여러 가지 색깔로 나뉘는 것을 관찰할 수 있지요. 즉, 햇빛은 여러 색의 빛이 합쳐져 흰색을 띱니다. 빛의 색깔을 결정하는 것은 빛의 파장 혹은 진동수입니다. 파동의 속력이 일정할 때 진동수와 파장은 반비례하는데, 빛은 속력이 일정하므로 파장이 정해지면 진동수도 동시에 정해지기 때문이지요. 파장이 다른 빛이 우리 눈을 통해 시신경에 감지되면, 우리 뇌는 이를 색깔이 다른 것으로 인식합니다. 결국 색깔은 빛의 고유한 성질이라기보다는 빛의 파장이 다른 것을 우리의 뇌가 해석한 결과입니다.

가령 빨간 장미꽃은 햇빛을 받으면 빨간색에 해당하는 파장의 빛은 반사하고 나머지 파장은 흡수합니다. 우리 눈에 들어오는 빛은 바로 이 반사된 빛입니다. 그래서 장미는 빨갛습니다. 이런 식으로 햇빛이 어떤 물체에 닿으면, 물체를 이루는 원자 구조에

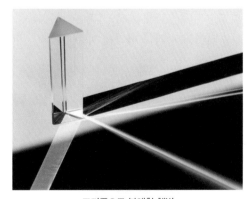

• 프리즘으로 분해한 햇빛 •

따라 어떤 파장은 물질에 흡수되고 어떤 파장은 반사됩니다. 그러면 우리는 그 물체가 반사하는 빛을 그 물체의 색깔이라고 인식하지요. 그래서 나뭇잎은 초록색이고 김밥 속의 단무지는 노랗습니다. 이것이 우리가 보는 알록달록한 색을 지닌 세상의 기본 원리입니다.

빛과 색깔의 세계는 자세히 들여다보면 볼수록 더 오묘하고 복잡하고 재미있습니다. 이번에는 물을 생각해 봅시다. 물을 유리컵에 담아놓으면 투명해 보입니다. 그런데 물이 많이 모여 있는 바다나 호수는 왜 푸르게 보일까요? 투명해 보이지만 사실 물은 빛을 일부 흡수합니다. 이렇게 흡수되는 빛도 파장에 따라 달라서, 빨간색에 해당하는 긴 파장의 빛이 가장 잘 흡수됩니다. 그래서 바다나 호수에서 빨간색 빛은 깊이가 몇 미터만 되면 거의 다 흡수되는 반면, 파란색 빛은 수심 수십 미터까지 남아 있습니다. 그 결과 우리가 바깥에서 바다를 볼 때나 바닷속에서 볼 때나, 빨간색 빛을 빼고 보는 셈이기 때문에 바닷물은 파랗게 보입니다.

바다의 실제 색깔은 여기에 더해서 물의 온도나 염분 농도, 플랑크톤과 같은 미생물, 물에 녹아 있는 유기물, 작은 모래와 같은 혼합물 등이 두루 관련되어서 지역에 따라서 매우 다양한 색깔을 보여 주게 됩니다. 예를 들어 우리나라의 서해는 중국의 강에서 흘러나온 토사 때문에 누런빛을 띠기 때문에 노란 바다라는 뜻의 황해(黃海)라고도 불립니다.

바다나 호수가 푸르게 보이는 이유는
파장이 긴 빨간색 빛이 쉽게 흡수되고
파란색 빛만 반사하기 때문입니다.

심해저 탐사는 왜 어려울까요?

한편 파란색 빛도 결국에는 흡수되기 때문에, 수심이 어느 정도를 넘어서면 더 이상 빛이 도달하지 못합니다. 그래서 깊은 바닷속은 완전히 캄캄하지요. 아주 맑은 바다라 하더라도 100미터를 넘어가면 빛은 거의 완전히 흡수됩니다. 앞에서 말했듯이 빛은 사실 전자기파의 한 종류인데, 정확히 말해서 모든 전자기파가 바닷물에 흡수되는 겁니다.

이 사실은 우리가 깊은 바닷속을 탐험하는 데 매우 중요한 문제를 야기합니다. 왜냐하면 우리가 잠수함을 타고 바닷속으로 들어갈 때, 어느 깊이를 넘으면 더 이상 무선 통신을 할 수 없다는 뜻이기 때문입니다. 레이더 역시 전자기파를 이용하므로 전혀 사용할 수 없습니다. 즉, 잠수함이 일단 물 속으로 깊이 들어가면 어마어마하게 발전한 현대의 과학 기술로도 잠수함과 연락을 할 수도, 어디에 있는지 위치를 알아낼 수도 없습니다. 놀랍지 않나요? 우리는 달에 가더라도, 심지어 화성에 가더라도 지구와 통신을 주고받을 수 있는데 말이죠(물론 시간은 좀 걸립니다). 뉴스나 과학 채널에서 화성으로부터 온 큐리오시티의 영상을 보신 분들도 많이 있을 겁니다. 그런데 바닷속에서는 이런 일이 불가능합니다.

그러면 바닷속의 모습을 보고 싶다면 어떻게 해야 할까요? 물론 직접 내려가서 보고 촬영하면 됩니다. 하지만 사람이 직접 심해로 가는 일은 매우 어렵고 위험하기 때문에 과학자들은 화성에 로버를 보냈듯이 무인 로봇을 이용해서 연구하려고 합니다. 하지만 앞에서 말한 대로 로봇이 심해

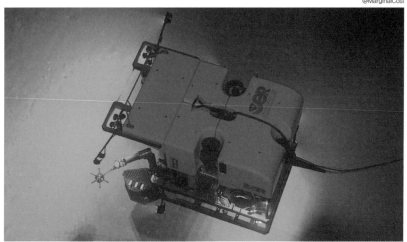

• 심해저를 탐사하는 원격 작동 차량(Remotely operated underwater vehicle; ROV) •

에서 관측 결과를 보고하려고 전파를 보내도 도중에 물에 흡수되어 버리기 때문에, 결과를 얻으려면 로봇이 다시 돌아와야만 합니다. 그런데 통신도 되지 않는 상태에서 로봇이 알아서 돌아오게 하는 것도 쉬운 일은 아니지요. 그래서 심해를 연구하는 학자들은 심해 연구가 우주 연구만큼이나 어렵다고 말합니다.

  잠수함과 통신할 수 없고 레이더로 위치를 알 수도 없다는 사실은 군사적으로도 중요한 문제를 던져 줍니다. 적군의 비행기나 탱크는 레이더로 위치를 알 수 있지만 잠수함은 얕은 바다로 나오기 전에는 있는지 없는지조차 알 수가 없는 겁니다. 이 문제는 기술이 발전한다고 해서 해결할 수 있는 문제가 아니라 과학 원리의 문제기 때문에 해결할 방법이 원리적으로 없습니다. 게다가 원자력을 동력으로 하는 현대의 최신 원자력 잠수함은 어마어마한 에너지를 낼 수 있기 때문에, 승무원들이 호흡하는 공기는 물을 전기분해해서 만들어 내고, 생존에 필요한 물도 바닷물을 담수화해서 얻으면서 한 달 이상 물 위에 올라오지 않고도 버틸 수 있습니다. 이러한 잠수함을 상대하기란 엄청나게 어렵습니다. 이런 이유로 최근 우리나라도 원자력 잠수함을 보유하고자 노력 중입니다.

바닷속에서 감지되지 않는다는 사실은 분명한 장점이지만, 통신할 수 없다는 점은 잠수함 입장에서도 난감한 문제를 불러일으킵니다. 일단 깊은 바다에 잠수하고 나면 바깥에서 무슨 일이 있는지 알 수 없으니까요. 그러니까 명령을 받고 작전을 나가면 중간에 상황이 바뀌어도 이를 전달받을 방법이 없습니다. 현대의 잠수함을 무대로 하는 영화에는 이러한 상황이 종종 등장합니다.

사실 잠수함은 좀 더 기본적이고 심각한 문제를 가지고 있습니다. 우리가 심해를 운항하는 잠수함에 타고 있다고 생각해 봅시다. 주변이 어떻게 보일까요? 아무것도 보이지 않겠죠. 심해에는 빛이 들어오지 않아 완전히 캄캄하기 때문입니다. 그러면 대체 수백 미터 이하를 운항하는 잠수함은 어떻게 운전해야 할까요? 불빛을 비추어도 겨우 수십 미터를 밝힐 뿐이고 레이더도 사용할 수 없습니다. 빛도 레이더도 모두 전자기파기 때문입니다. 결국 잠수함은 완전히 눈을 감은 채 다니는 셈입니다.

이런 상황에서 잠수함은 눈 대신 음파를 이용합니다. 음파는 물 자체가 진동하는 것이므로 물속에서도 잘 전달되며 오히려 공기 중보다 더 빨리 전달됩니다. 그래서 잠수함은 음파를 탐지해서 주변 상황에 대한 정보를 얻으며, 필요하면 자신이 음파를 내어 반사되어 돌아온 음파를 가지고 주변 상황을 파악합니다. 단, 자신이 음파를 발산하는 일은 자주 하지 않습니다. 왜냐하면 주변의 다른 잠수함이나 배에 자신의 위치를 알려 주게 되기 때문이죠.

하늘은 빛이 산란해 파랗게 보여요

이번에는 하늘이 왜 파랗게 보이는지를 생각해 보겠습니다. 하늘이 파란 이유는 바닷물이 파란 이유와는 또 다릅니다. 먼저 우리가 하늘을 볼 때 우리가 실제로는 무엇을 보고 있는지 생각해 봅시다. 머리 위에는 무엇이 있나요? 대기권을 이루는 공기가 있을 뿐입니다. 공기는 투명하지 않느냐고 할지 모르겠습니다. 과연 공기는 물보다도 훨씬 투명해 보이지요. 그렇다고 해서 빛을 완전히 통과시키는 것은 아닙니다. 만약 공기가 완전히 투명해서 빛을 전부 통과시키면 어떻게 될까요? 그러면 우리가 하늘을 볼 때 공기의 효과는 전혀 없이 그 뒤의 우주 공간만이 보일 것이고, 그러면 하늘은 낮이고 밤이고 까맣기만 할 것입니다. 실제로 공기가 없는 달에서는 태양이 떠 있는 낮에도 하늘은 까맣습니다.

그러면 공기와 빛은 어떤 상호작용을 할까요? 빛은 공기 분자를 만나면 여러 방향으로 흩어집니다. 이런 현상을 빛의 '산란'이라고 합니다. 그런데 공기 분자는 빛의 파장보다 훨씬 작습니다. 이 경우 산란되는 정도는 빛의 파장에 따라 달라져서, 파장이 짧은 빛이 파장이 긴 빛보다 훨씬 더 많이 산란됩니다. 다시 말해 파장이 긴 빨간 빛은 그대로 진행하고 파장이 짧은 파란 빛은 사방으로 흩어지지요. 이를 19세기 말에서 20세기 초에 활약한 영국의 물리학자 레일리 경의 이름을 따서 '레일리 산란'이라고 부릅니다. 공기 중에서 일어나는 레일리 산란의 결과로 하늘을 쳐다보면 우리 눈에는 흩어진 파란 빛이 주로 들어옵니다. 즉, 우리가 보는 파란 하늘은 햇빛이 공기 중에서 산란된 빛입니다. 그러므로 파란 하늘을 볼 때 우리는 공기를 보고 있다고 할 수 있습니다.

레일리 산란의 결과를 조금 더 살펴보겠습니다. 해가 뜨거나 질 때는 햇빛이 비스듬히 들어오므로 대기권의 공기 속을 더 오랫동안 지나가게 됩니다. 그러면 산란이 충분히 많이 일어나지요. 결국 우리가 태양 주변을 볼 때 파란빛은 거의 다 산란되어 우리 눈으로 들어오지 않고 빨간빛만 남아서 눈에 들어옵니다. 이렇게 해가 뜨거나 질 때 태양 주변이 빨갛게 보이는 현상을 우리는 노을이라고 부릅니다.

한편 공기 중에 먼지가 많으면 또 다른 종류의 산란이 일어납니다. 먼지 입자는 공기 분자보다 훨씬 크고 흔히 빛의 파장보다도 크기 때문에, 레일리 산란이 아니라 '미 산란'이 일어나지요(미(Gustav Mie, 1868~1957)는 아인슈타인과 비슷한 시기에 살았던 독일 물리학자의 이름입니다). 이때는 빨간 빛도 많이 산란되기 때문에 우리는 모든 파장의 빛을 다 보게 되고, 따라서 하늘은 하얀색으로 보입니다. 또한 공기 중에 수증기가 많을 때도 역시 산란이 많이 일어나서 하얀색에 가깝게 보입니다. 반대로 말하자면, 공기가

• 레일리 산란으로 인해 파랗게 보이는 하늘의 개념도 •

건조할 때 하늘은 파랗게 보입니다. 우리나라에서 가을에 하늘이 더 파랗게 보이는 것은 그런 이유입니다.

　이렇게 물리학의 원리를 알고 있으면 우리 주변에서 일어나는 현상들을 더 깊이 이해할 수 있고, 그러한 현상들이 어떻게 관련되어 있는지 알 수 있습니다. 이렇게 하나씩 알아보면 세상 모든 일에 더 큰 재미를 느낄 수 있지요. 이제 물리학은 우리 주변 어디에나 있고, 물리학을 통해서 바라보면 세상을 더 잘 이해할 수 있다는 말이 무슨 뜻인지 좀 더 잘 이해되지 않나요?

강력한 빛, 레이저

20세기에는 물리학이 가져온 획기적인 발명품들이 여럿 있습니다. 현대물리학의 발전이 없었다면 단순히 기술 개량만으로는 존재하지 않았을 물건들이지요. 하지만 그 이전의 발명품은 그렇지 않았습니다. 고대의 위대한 발명품인 불이나 바퀴, 나침반, 화약 등은 근대 과학과는 무관하게 경험적인 법칙만 가지고 얻어진 결과입니다. 심지어 근대의 증기기관, 기차, 비행기까지도 처음에는 과학자들이 설계해서 만들어 낸 것이 아닙니다. 그러나 반도체를 비롯해 원자력, 인공위성과 같은 20세기의 발명품은 현대물리학이 없었다면 나오지 못했을 것입니다. 레이저도 바로 그런 발명품입니다.

레이저 역시 반도체를 만드는 것처럼 물질을 이루는 원자의 구조를 이해해야 만들어 낼 수 있습니다. 레이저의 원리는 다음과 같습니다. 원자 안의 전자는 특정한 에너지 값들만을 가질 수 있습니다. 물질에 여러 가지 방법으로 에너지를 주면 전자는 에너지를 받아서 낮은 에너지 상태에서 높은 에너지 상태가 됩니다. 하지만 전자는 높은 에너지 상태에서 오래 머물지 않고 곧 낮은 에너지 상태로 다시 내려오게 되는데, 이때 두 상태의 에너지 차이에 해당하는 빛을 방출합니다. 물질에 따라 전자가 가질 수 있는 에너지 값은 정해져 있으므로, 높은 상태에서 낮은 상태로 내려올 때의 에너지 차이 값 역시 정해져 있습니다. 양자역학에 따르면 빛의 색깔은 에너지에 따라 결정되므로, 원자가 방출하는 빛은 거의 완전히 한 가지 색깔로 된, 좀 더 정확한 표현으로 하자면 파장의 값이 정확하게 정해진 빛입니다. 그래서 빛을 색깔별로 나누는 분광계에 이런 빛을 통과시키면 특정 색깔에만 가느다란 선이 나타납니다.

보통의 경우에는 이러한 방출 과정이 무작위적으로 일어납니다. 그런데 만약 어떤 높은 에너지 상태에 전자를 모아 놓았다가 적절한 자극을 주어 한꺼번에 낮은 에너지 상태로 내려오게 하면 어떻게 될까요? 이러한 방식을 '유도 방출'이라고 합니다. 유도 방출의 이론적 가능성을 처음 이야기한 사람은 바로 아인슈타인입니다. 아인슈타인은 상대성 이론만 만든 게 아닙니다. 그는 당대에 물리학의 중요한 문제들을 가장 잘 파악하고 있었던 사람이었지요.

레이저(LASER)는 이러한 유도 방출을 이용해서 얻는 강력한 빛입니다. 레이저라는 이름은 '복사 유도 방출에 의한 빛 증폭(Light Amplification by Stimulated Emission of Radiation)'의 머리글자에서 왔습니다. 유도 방출을 일으키면 빛이 모두 같은 상태로 (정확한 용어로는 '결맞은' 상태로) 방출되는데, 유도 방출을 일으키는 물질의 양쪽에 마주 보는 거울을 설치해서 발생한 빛이 공명을 일으키도록 합니다. 이로써 빛은 증폭되어 훨씬 더 강한 빛을 얻게 됩니다. 사용하는 물질에 따라서 빛의 색깔을 비롯한 레이저의 여러 가지 특성이 달라지는데, 최초로 만들어진 레이저는 루비 결정을 이용했습니다. 이후 헬륨-네온, 반도체, 이산화탄소, 아이오딘, 색소 레이저 등 다양한 레이저가 개발되었습니다. 이렇게 레이저는 물질과 빛에 대해서 잘 이해하게 되었기 때문에 나올 수 있었던 발명품입니다.

레이저의 특성을 정리해 보겠습니다. 레이저는 특정 에너지 상태에서 나오는 빛이기 때문에 광자의 에너지가 두 에너지 상태의 차이로 거의 정확하게 정해지고, 그에 따라 빛의 색깔이 정해집니다. 완벽히 정확하지 않고 '거의' 정확하다고 하는 이유는, 실제 레이저는 원자 하나가 아니라 원자가 많이 모인 물질로부터 만들어지기 때문에, 에너지 상태가 하나의 값이 아니라 에너지 띠 형태이기 때문입니다. 그러므로 두 상태의 에너지 차이도 정확히 하나의 값이 아니라 약간의 차이를 두고 분포하고, 빛의 파장도 완전히 하나의 값은 아닙니다. 물론 그 차이는 매우 작아서 레이저 빛을 볼 때 눈으로는 구별이 되지 않을 정도이므로 우리가 보는 레이저는 하나의 색깔로 보이지요.

한편 레이저 빛은 파동이 모두 결맞은 상태에 있고 그래서 파동이 겹칠 때 간섭을 잘 일으킵니다. 그래서 레이저는 거의 퍼지지 않습니다. 지구에서 달에 있는 반사경에 레이저 빔을 쏘아서 지구로 되돌아오게 해도 측정할 수 있을 정도입니다. 이런 여러 가지 이유로 레이저는 출력을 매우 높일 수 있습니다.

아인슈타인이 레이저의 기초 원리를 이야기한 건 양자역학이 나오기도 전인 1917년이지만, 실제로 연구자들이 원자에 대한 지식을 바탕으로 본격적으로 레이저를 연구하기 시작한 것은 1950년대의 일입니다. 실제로 작동하는 레이저는 1960년에 미국의 과학자 시어도어 메이먼(Theodore Maiman, 1927~2007)이 루비 결정을 이용해서 만들어 냈습니다. 레이저에 관한 기초 연구에 기여한 미국의 찰스 타운스(Charles Hard Townes,

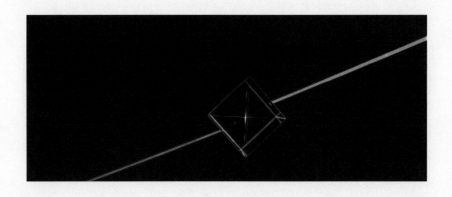

레이저는 거의 퍼지지 않아, 지구에서 달의 반사경에
빔을 쏘아서 지구로 되돌아오게 해도 측정할 수 있습니다.

1915~2015), 러시아의 알렉산드르 프로호로프(Aleksandr Mikhailovich Prokhorov, 1916~2022), 니콜라이 바소프(Nikolai Gennadijevich Basov, 1922~2001)는 1964년에 노벨 물리학상을 받았습니다. 그 이래로 레이저와 관련이 있는 노벨상이 무려 아홉 차례에 이를 정도로 레이저는 과학 연구 및 인류 문명에 중요한 도구가 되었지요. 2018년에도 레이저를 연구한 학자들이 노벨 물리학상을 받았는데, 렌즈를 이용해 레이저 빛을 모아 빛의 압력으로 작은 입자를 붙잡는 광학 집게 기술을 발견한 아서 애슈킨(Arthur Ashkin, 1922~2020), 극도로 짧은 시간 동안 빛이 나오는 펄스 레이저의 증폭 기술을 개발한 프랑스의 제라르 무루(Gérard Albert Mourou, 1944~)와 도나 스트리클런드(Donna Theo Strickland, 1959~)가 그 수상자들입니다. 이들의 업적은 빛을 마치 도구처럼 사용하게 해주어 극미의 세계를 다루는 데 신기원을 열었습니다.

레이저를 발명함으로써 인간은 빛을 자유자재로 다루게 되었다고 해도 과언이 아닙니다. 최근에도 레이저를 이용해서 극저온에서 원자를 멈추게 하고, 중력파를 측정하는 등 새로운 분야가 개척되고 있습니다. 또한 뒤에 나올 양자 정보 과학을 실현하는 데에도 레이저를 이용합니다. 이렇게 레이저 기술은 점점 발전하며 새로운 세상을 열고 있습니다. 레이저가 발명되었기에 양자 광학 혹은 양자 전자학이라는 분야가 새로 열리게 되었고, 극저온을 만든다든가, 중력파를 만든다든가 하는 전혀 예상치 못했던 분야에도 레이저가 활용되고 있습니다.

과학 연구뿐 아니라 우리의 생활에도 이제 레이저는 필수적인 도구라고

• 레이저를 이용하는 마트의 바코드 기계 •

할 수 있습니다. 의료 분야에서 수술과 미용 등에 레이저가 사용되고 있고, 공장에서 정밀 가공을 할 때도 중요한 역할을 합니다. 음악이나 영화를 감상하기 위해 CD와 DVD를 읽을 때, 마트에서 바코드를 읽을 때, 레이저 포인터나 레이저 프린터 등 일상생활에서도 레이저는 널리 쓰입니다.

에너지는 물리학에서 가장 중요하고
기초적인 개념이에요

물리학에서 중요한 개념을 하나만 골라 보라고 하는 건 어리석은 질문입니다. 하지만 물리학을 잘 알지 못하는 사람들부터 연구 현장의 물리학자들까지도 중요하게 다루는 물리학 개념이라면 분명 가장 중요한 개념이라고 해도 손색이 없을 것입니다. 그런 개념이 바로 에너지입니다. 에너지 개념 없이는 물리학에 대해 어떤 이야기도 할 수 없다고 해도 과언이 아닐 정도로, 물리학에서 에너지는 가장 중요하고 가장 기초적인 개념입니다.

물리학이라는 말만 들어도 지레 겁을 먹거나 거부감을 느끼거나 나와는 상관없는 일이라고 생각하는 사람들이 많지요. 그런 사람이라도 '에너지'라는 말은 별다른 어려움 없이 사용하고 있으며, 심지어 잘 알고 있다고 생각할 것입니다.

하지만 물리학이 발전해 오면서 에너지 개념도 발전을 거듭해 왔습니다. 특히 현대물리학이 우리가 생각하는 방식과 자연을 이해하는 방식에

혁명적인 변화를 가져오면서, 에너지 개념도 어마어마하게 변화하고 더욱더 심오한 의미를 지니게 되었습니다. 상대성 이론을 통해 에너지가 물질과 동등하다는 사실을 알게 되었고, 양자역학에서는 진공 상태의 에너지를 이야기합니다. 나아가서 물리학자들은 거대한 가속기를 이용해서 우주 초기의 에너지 상태를 재현하고 있으며, 우주론에서는 암흑 에너지라는 완전히 새로운 개념까지 등장했습니다.

현대 문명을 만든 고전물리학의 유산, 발전소

우리에게 익숙하고 일상생활에서 자주 이야기하는 에너지 개념에 대해 먼저 살펴보겠습니다. 에너지는 지구에서 인간이 살아가는 데 가장 기본적인 문제이며 누구도 피할 수 없는, 모든 사람과 관련된 문제입니다. 우리는 에너지라는 말을 매일 듣고 읽고 말하면서 살고 있습니다. 석유, 원자력, 전기차, 지구온난화 등 뉴스에 나오는 경제 문제와 환경 문제의 절반은 에너지 문제라고 해도 과언이 아닙니다. 심지어 다이어트만 해도 결국 개인의 신체적 에너지 문제입니다.

현재 우리가 사용하는 에너지는 주로 전기의 형태입니다. 전기가 사용하기 편리하기 때문이지요. 예전에는 연탄이나 기름 같은 연료를 직접 태워서 사용하던 난방도 지금은 전기를 이용하는 경우가 드물지 않습니다. 또한 자동차도 전기차로 바뀌어 가고 있는데, 전기차는 현재 경제와 에너지 문제의 최대 이슈 중 하나입니다. 이처럼 우리가 누리는 문명의 이기는 거의 전부가 발전소에서 만드는 전기에 근원을 두고 있습니다. 그러니 발전소는 현대 문명의 중추라고 해도 과언이 아닙니다.

발전소는 고전물리학의 위대한 유산입니다. 앞에서도 살펴봤듯이, 발전의 원리는 19세기 영국의 물리학자 패러데이가 발견한 전자기 유도 법칙입니다. 전기가 흐를 수 있는 회로 주변에서 자석이 움직이면 (정확히 말해서 자기장이 변화하면) 회로에는 전기가 흐릅니다. 이렇게 전기를 만드는 원리를 알게 된 후, 전기를 만드는 기술과 전기를 먼 곳으로 전달하는 기술이 차츰 발전했습니다. 덕분에 19세기 말 유럽의 각 도시에는 전기를 이용하는 가로등이 생기기 시작했지요. 여담이지만 아인슈타인의 아버지가 바로 이렇게 전기를 만들어 공급하는 일과 관련된 사업을 했습니다.

발전이란 결국 자석을 움직이는 에너지를 전기 에너지로 바꾸는 과정입니다. 자석을 움직이는 방법은 여러 가지가 있습니다. 흐르는 물로 프로펠러를 돌리기도 하고, 바람을 이용하기도 합니다. 이런 발전 방법을 각각 수력발전과 풍력발전이라고 부릅니다. 많이 쓰이는 방법은 물을 끓인 후 여기서 나오는 증기로 터빈을 돌리는 것입니다. 물을 끓이기 위해 석탄이나 석유, 가스 등을 이용해서 불을 피우면 화력발전이고, 원자핵 반응에서 일어나는 열을 이용하면 원자력발전입니다. 이렇게 보면 발전이란 그 원리뿐만 아니라 과정에서도 여전히 물리학과 관련이 깊은 일이라는 걸 알 수 있습니다.

예로부터 새로운 에너지원을 찾는 일은 언제나 매우 중요한 국가적인

• 인도네시아 수마트라 지역의 지열 발전소 •

과제였습니다. 현대에는 새로운 에너지원을 찾는 일이 점점 중요해지고 있습니다. 전기의 수요는 늘어나는 반면 기존의 발전 방식으로는 탄소가 너무 많이 배출되고 연료가 부족하며 환경이 오염되는 등 여러 한계가 있기 때문이지요. 이러한 문제를 극복할 수 있는 새로운 에너지를 요즈음은 '신재생에너지'라고 합니다. 신재생에너지란 석탄이나 중질유 같은, 기존에는 사용하기 어려웠던 연료를 고온, 고압의 공정을 통해 가스화 또는 액화하여 이용하거나, 연료전지, 수소 등을 연료로 사용하는 신에너지와 탄소를 적게 배출하면서 자연 현상, 즉 태양광, 풍력, 조력, 파력, 지열 등을 이용하는 재생에너지를 함께 일컫는 말입니다. 앞으로 새로운 에너지원을 찾는 일에도 물리학이 중요한 역할을 할 것으로 기대합니다.

입자의 세계를 탐구하는 필수 도구, 가속기

가속기는 현대물리학에서 매우 중요한 실험 장비 중 하나입니다. 여러분도 입자가속기를 통해 새로운 무언가가 발견되었다는 과학 뉴스를 본 적이 있을지 모르겠습니다. 그런 기사를 읽으면 가속기란 뭔가 어마어마한 장비라고 생각되지요. 사실 그 말은 맞습니다. 새로운 입자를 만들어 내는 가속기는 유럽이나 미국에 설치된 초대형 가속기로서, 크기가 수 킬로미터에서 수십 킬로미터에 이르는 엄청난 시설입니다. 하지만 가속기라고 모두 그렇게 거대한 것은 아닙니다. 의외로 우리 주변에서도 가속기를 찾아볼 수 있지요.

가속기란 말 그대로 입자를 점점 더 빠르게 가속시키는 장치입니다. 과학자들은 처음에 물질의 내부 구조를 탐사하기 위해 가속기를 고안했습니다. 물론 처음부터 가속기를 뚝딱 만들어 낸 것은 아닙니다. 초창기에는 원자 속을 탐구하는 데 방사선, 특히 알파선을 이용했지요. 알파선은 방사성 원소에서 저절로 나오는 방사선 중에서 다른 원소들과 가장 크게 상호작용합니다. 알파선을 이용해서 과학자들은 원자핵을 발견했고, 양성자의 존재를 확인했으며, 한 원소를 다른 원소로 바꾸는 데 성공했습니다. 거기서 한 걸음 더 나아가서 원자핵을 탐구하기 위해서는 더 높은 에너지의 알파선이 필요했습니다. 알파선은 (+) 전기를 띠고 있어서 원자핵과 서로 밀어내기 때문에, 원자핵을 직접 때리려면 밀어내는 힘을 이기기 위해 더 높은 속력의 알파선을 보내야 했기 때문입니다. 입자의 속력이 커

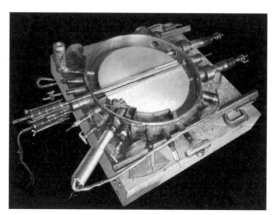

• 어니스트 로런스가 만든 69센티미터의 사이클로트론(1932) •

지면 운동에너지가 커지기 때문에 더 높은 에너지를 가지게 됩니다.

영국 케임브리지 대학교의 물리학자 존 콕크로프트(John Cockcroft, 1897~1967)와 어니스트 월턴(Ernest Walton, 1903~1995)은 1928년부터 함께 입자를 가속시키는 장치를 개발했습니다. 가속기의 기본적인 원리는 간단합니다. (+)극과 (−)극이 있으면 그 사이에서 전기를 띤 입자가 전기적인 힘을 받아 가속되는 것이지요. 더 높은 에너지를 얻으려면 더 높은 전압을 걸어 주면 됩니다. 물론 실제로 가속 장치를 만들 때는 전압을 높여야 하고 입자가 가속되는 동안 공기 분자와 부딪히지 않도록 진공 상태를 만들어야 하는 등 현실적인 문제들이 많습니다. 콕크로프트와 월턴은 1932년 수십만 볼트를 내는 고전압 발생기를 제작해서 입자를 가속시키는 가속기를 만들었습니다. 이들은 자신들이 만든 가속기를 가지고 양성자를 가속시켜서 리튬 원자에 충돌시켜 헬륨으로 바꾸는 데 성공했습니다. 이 업적으로 두 사람은 1951년 노벨 물리학상을 수상했습니다.

미국 버클리 대학교의 어니스트 로런스(Ernest Lawrence, 1901~1958)는 1931년 자기장을 이용해서 입자를 회전시켜서 입자가 가속기로 돌아와서 반복적으로 가속되는 장치인 사이클로트론을 발명했습니다. 사이클로트론에서는 입자를 반복해서 가속시켜 높은 에너지를 얻습니다. 그래서 높은 전압이 필요 없고 훨씬 간단한 장치로도 쉽게 높은 에너지를 얻을 수 있지요. 사이클로트론이 발명됨으로써 원자핵을 탐구하는 일이 엄청나게 발전해 로런스가 있는 버클리 대학교는 원자핵 연구의 중심지가 되었습니다. 그리고 로런스의 연구실은 학교의 지원을 받아 독립된 연구소인 로런스 버클리 연구소가 되었지요. 로런스는 사이클로트론을 발명한 업적으로 1939년 노벨 물리학상을 받았으며, 지금까지 로런스 버클리 연구소와 관련 있는 노벨상은 로런스 본인을 포함해서 모두 14개에 달합니다. 로런스 버클리 연구소의 가속기들을 통해서 중성 파이온, 반양성자, 반중성자를 비롯한 새로운 입자가 발견되었고 이들의 자세한 성질이 연구되었습니다.

1960년에는 미국의 브룩헤이븐에 당대 최대의 가속기인 AGS가 완성되었습니다. AGS는 가장 성공적이었던 가속기로 이름이 높습니다. 두 번째 중성미자와 네 번째 쿼크를 발견했으며, CP라는 대칭성이 정확하게 성립하지 않아서 우주의 물질과 반물질이 완벽한 대칭을 이루지 않을 가능성을 제기한 것이 대표적이지요. AGS는 이 실험들로 세 개의 노벨상을 받은 가속기로 유명합니다. 1970년대 이후에는 시카고 근처에 있는 페르미

국립 가속기 연구소가 무려 세 개의 새로운 기본입자를 발견해 냈습니다. 보텀 쿼크, 톱 쿼크, 타우 중성미자가 바로 그 새로운 기본입자입니다. 이 가속기는 2000년까지 세계에서 가장 높은 에너지를 내는 가속기였습니다.

한편 유럽에는 유럽의 여러 나라가 함께 공동으로 운영하는 CERN이라는 연구소가 있습니다. 우리말로 읽으면 '선' 혹은 '세른' 정도로 부를 수 있겠네요. 현재 세상에서 제일 큰 가속기를 보유하고 있는 CERN은 제2차 세계대전 후에 실험 장치가 대형화됨에 따라 한 나라가 가속기를 운용하기 어려워져서 설립된 연구소로, 지금까지 국제 공동 연구의 모범을 보이고 있습니다. CERN에서 운용하는 역사상 가장 큰 가속기 LHC에는 현재 인류가 지닌 최첨단 기술이 여럿 적용되고 있습니다. 대표적으로 초고진공을 만드는 기술, 영하 270도 이하에서 작동하는 초전도 자석, 그리고 엄청난 양의 데이터를 처리하는 컴퓨터 기술 등을 들 수 있습니다. CERN에서 1984년에 약한 핵력을 매개하는 입자를 발견했고, 가장 최근에는 지난 2013년 힉스 보손을 발견하여 이 입자를 예측한 영국과 벨기에의 이론물리학자 피터 힉스(Peter Higgs, 1929~)와 프랑수아 앙글레르(François Englert, 1932~) 두 사람이 노벨 물리학상을 받았습니다.

지금까지 초대형, 최첨단의 가속기들을 시대에 따라 살펴보고 물리학의 발전에 얼마나 중요한 역할을 했는지 알아보았습니다. 그러나 가속기가 이렇게 물리학자들의 연구에만 쓰이고 보통 사람들과 멀리 있는 기계만은 아닙니다. 여러분은 병원에서 암에 걸린 사람에게 방사선 치료를 한다

CERN에서 운영하는 최대 가속기 LHC에는
인류의 최첨단 기술이 적용되어 있습니다.

는 말을 들어 보았을 것입니다. 방사선 치료란 주로 가속기를 이용해서 적절한 에너지로 만든 양성자나 감마선을 치료할 부위에 쬐는 방식으로 이루어집니다. 또 이렇게 직접 치료하는 용도 외에도 가속기는 치료 및 진단에 쓰는 방사성 동위원소를 만드는 데에도 쓰입니다. 그래서 오늘날 대형 병원은 대부분 이러한 방사선 치료용 가속기로 사이클로트론을 보유하고 있습니다. 국립암센터의 사이클로트론은 출력이 무려 230메가전자볼트(MeV)에 달한다고 합니다.

또한 예전에 집집마다 있던 TV는 지금과 같은 평판이 아니라 브라운관이라고 부르는 장치를 통해 영상을 보여 주었습니다. 브라운관은 가속시킨 전자빔을 자기장으로 조종하여 앞쪽의 형광판에 상이 나타나게 하는 장치이므로, 일종의 전자 가속기입니다. 그러니 예전에는 집집마다 가속기가 한 대씩 있던 셈입니다.

물리학이 아니었다면 컴퓨터도 만들어지지 못했을 거예요

오늘날 우리의 삶은 컴퓨터가 없는 세상을 상상하기 어려울 정도입니다. 이제는 휴대용 컴퓨터인 스마트폰을 가지고 다니면서 일상생활의 여러 일들을 처리하고 업무에도 활용합니다. 지금은 자동차도 단순히 우리가 조종하는 기계가 아니라, 컴퓨터가 대부분을 제어하는 시스템입니다. 또 공장이나 발전소 등이 빈틈없이 돌아가는 것도 컴퓨터로 제어하고 있기 때문이고요.

컴퓨터가 이렇게 강력한 능력을 가지게 된 것은 전자공학의 발전 덕분입니다. 앞에서도 짧게 언급했지만 20세기에 시작된 전자공학은 온전히 현대물리학의 발전에 의해 탄생한 분야이지요.

현대의 디지털 세계를 만든 반도체

20세기 이후의 문명을 이야기하려면 반도체를 빼놓고는 말할 수가 없습니다. 반도체를 이용해서 전기의 흐름을 정교하고도 자유자재로 이용할 수 있게 되어 전자공학이라는 분야가 시작되었지요. 전자공학을 이용해서 오늘날 우리가 사용하는 디지털 컴퓨터가 탄생했고, 그 결과 오늘의 세계가 건설되었다고 해도 과언이 아닙니다.

그렇다면 반도체는 무엇이며, 왜 그렇게 중요할까요? 여기서는 기초 원리만 알아보도록 하겠습니다. 양자역학을 통해 알아낸 바에 따르면 원자 속의 전자는 아무 에너지 값이나 가질 수 없고, 특정한 값의 에너지 상태에만 있을 수 있습니다. 그러한 에너지 값은 원자마다 다른데, 양자역학으로 계산해서 구할 수 있습니다. 대부분의 원자에서 전자는 가장 낮은 에너지 상태에 있다가, 외부로부터 에너지를 받게 되면 더 높은 에너지 상태로 가게 됩니다. 그리고 에너지를 내놓으면서 다시 낮은 에너지 상태로 돌아오지요.

원자가 많이 모여서 물질을 이루면 주변의 원자들의 영향으로 인해 전자의 에너지 상태는 정확히 하나의 에너지 값이 아니라 어떤 범위 안의 값을 가집니다. 이러한 에너지 값의 범위를 '에너지 띠'라고 부릅니다. 즉, 전자가 가지는 에너지 값은 에너지 띠의 모양으로 여럿이 있고, 띠와 띠 사이의 에너지 값은 가질 수 없습니다. 이렇게 띠와 띠 사이의 전자가 가질 수 없는 에너지 영역을 '띠틈'이라고 부릅니다. 결국 물질의 상태와 성

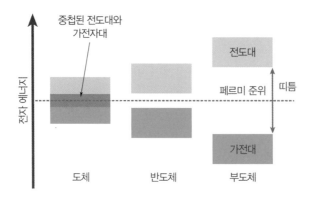

전자 에너지

중첩된 전도대와
가전자대

전도대

페르미 준위   띠틈

가전대

도체   반도체   부도체

• 도체, 반도체, 부도체의 띠 구조 •

질은 그 물질의 에너지 띠가 어떻게 생겼느냐에 따라 결정됩니다.

예를 들어 우리가 도체라고 부르는 물질은 우리가 전자를 낮은 에너지에서부터 채웠을 때, 전자가 에너지 띠를 가득 채우지 않거나, 채우고 있더라도 가득 차 있는 띠와 그 위의 띠가 겹쳐 있거나 합니다. 그래서 전자가 다른 에너지 띠로 쉽게 이동하고 비어 있는 에너지 띠를 통해 자유롭게 움직이면서 전기를 전달하지요. 반대로 전기가 통하지 않는 부도체 혹은 절연체는 에너지 띠에 전자가 가득 차 있고, 에너지 띠 위로 띠틈이 매우 넓어서 전자가 더 이상 움직이지 못하는 물질입니다.

그럼 이제 반도체가 무엇인지 짐작이 가나요? 반도체는 도체와 부도체의 중간 정도의 띠틈을 가진 물질입니다. 즉, 전자가 차 있는 띠와 그 위의 띠 사이의 띠틈이 좁은 물질입니다. 그러면 어떻게 될까요? 전기가 반쯤 흐르는 걸까요? 그렇지는 않습니다. 좁더라도 띠틈이 있기 때문에 반도체에는 전기가 거의 흐르지 않습니다. 그런데 띠틈이 좁으므로 우리가 적절한 자극을 주면 반도체는 어떤 경우에는 마치 도체처럼 행동하고 어떤 경우에는 부도체처럼 행동하도록 할 수 있습니다. 이것이 반도체의 기본 원리입니다.

실제로 사용하는 반도체에는 불순물을 섞어서 이러한 성질을 더욱 강화시킵니다. 그리고 다른 성질을 가진 반도체를 붙여서 더욱 재미있는 성질을 가질 수 있습니다. 두 가지 다른 성질을 기지는 반도체를 붙여 놓은 장치를 다이오드(diode)라고 부릅니다. 이름의 '다이(di-)'는 둘이라는 뜻입니다. 다이오드는 전류가 한쪽 방향으로만 흐릅니다. 반대쪽으로는 거의 흐르지 않지요. 이와 관련된 성질을 이용하는 여러 종류의 다이오드가 있습니다. 요즘 특히 많은 관심을 받는 다이오드는 전류가 흐를 때 빛을 내는 다이오드입니다. 이 다이오드를 발광 다이오드(Light Emission Diode), 흔히 LED라고 부릅니다. 파란색 LED를 개발한 일본의 아카사키 이사무(赤﨑 勇, 1929~2021), 아마노 히로시(天野 浩, 1960~), 나카무라 슈지가 2014년에 노벨 물리학상을 받은 것을 기억하는 사람도 있겠네요. 초록색과 빨간색 LED는 일찍이 개발되어, 파란색 LED를 만든 것으로 삼원색 LED가 모두 갖추어졌습니다. 그 결과 LED는 이제 전기적인 특성보다는 전구와 형광등을 대신하는 광원으로 더욱 각광을 받고 있습니다.

세 개의 반도체를 붙여 놓은 장치가 트랜지스터(transistor)입니다. 트랜지스터는 전기적인 신호를 증폭하고 복잡한 스위치 작용을 하는 부품으로, 트랜지스터를 조합하면 논리적인 연산을 할 수 있는 논리 회로를 만

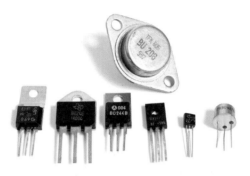

• 여러 형태의 트랜지스터 •

들 수 있습니다. 이로써 디지털 컴퓨터로 가는 길이 열렸지요. 그전에도 유사한 장치가 개발되었지만, 지금 우리가 알고 있는 것과 같은 트랜지스터는 1947년 미국의 벨 연구소에서 존 바딘(John Bardeen, 1908~1991), 월터 브래튼(Walter Brattain, 1902~1987), 윌리엄 쇼클리(William Shockley 1910~1989) 등이 집중적인 노력을 통해 발명해 냈습니다. 트랜지스터를 발명한 세 사람은 이 업적으로 1956년 노벨 물리학상을 수상했습니다. 트랜지스터를 발명하면서 전자공학이 탄생했다고 해도 좋겠네요.

현재는 수많은 트랜지스터를 작은 크기에 모아 놓은 집적회로 형태로 반도체를 이용합니다. 여러분이 흔히 '칩(chip)'이라고 부르는 반도체가 바로 집적회로입니다. 반도체에 직접 부품을 모아 놓은 집적회로의 개념을 떠올리고 설계한 사람은 1950년대 말 미국의 전자공학자 잭 킬비와 물리학자 로버트 노이스(Robert Noyce, 1927~1990)입니다. 이 공로로 킬비는 2000년에 노벨 물리학상을 받았는데, 노이스는 그 이전에 사망해서 수상의 영광을 함께 누리지는 못했습니다. 그 대신 노이스가 만든 회사는 아직도 반도체를 대표하는 이름으로 남아 있습니다. 여러분도 그 회사를 알고 있을 것입니다. 바로 인텔(INTEL)입니다.

현대의 집적회로는 회로의 부품을 미세하고 복잡한 패턴으로 만들어서 여러 층으로 된 재료 속에 그려 넣는 방식으로 만드는데, 수 밀리미터 크기의 칩에 수십억 개의 트랜지스터가 들어 있을 정도로 발전했습니다. 집적회로 기술 덕분에 오늘날의 우리는 70년대 미국의 과학자들이 사용하던 것보다 더 좋은 컴퓨터를 휴대전화 속에 넣어 다닐 수 있게 되었지요.

반도체의 성질을 가질 수 있는 물질은 매우 다양합니다. 과학자들은 더 좋은 특성을 가지는 반도체 물질을 개발하기 위해 계속 노력하고 있습니다. 현실적으로 가장 많이 사용되는 물질은 실리콘입니다. 미국의 컴퓨터 및 IT 산업의 중심지를 '실리콘 밸리'라고 부르는 이유가 바로 여기에 있지요. 실리콘은 원자번호 14번인 원소로, 규소라고도 부릅니다. 실리콘이 많이 사용되는 이유는 물론 반도체로서의 성질도 매우 우수하고, 가공하기 쉽고, 물에 녹거나 하지 않아서 다양한 환경에서도 안정적으로 쓰일 수 있는 등 많은 장점이 있기 때문입니다. 그런데 그보다 더 중요한 특징이 있습니다. 우리 주변에 엄청나게 많아서 구하기 쉽고 값도 싸다는 점입니다. 바로 모래와 흙, 돌을 이루는 주성분이 실리콘입니다. 지구의 지각을 이루는 원소 중에서 산소를 제외하고 가장 많은 원소이니, 얼마나 흔한 원소인지 아시겠죠?

저마늄은 실리콘과 화학적 성질이 비슷한 원소로서 실리콘 이전부터도 반도체의 재료로 많이 쓰이는 원소였습니다. 지금도 일부 사용되기도 합니다. 그 밖에 갈륨비소 화합물이 반도체로서의 성질이 대단히 우수해 각광 받았으나 워낙 만들기 어렵고 값이 비싸서 흔히 쓰이지는 못합니다. 하지만 여전히 일부 특수한 목적으로 제작하는 반도체에는 사용됩니다. 반도체와 관련된 이야기는 뒤에 좀 더 나올 테니 그때 계속하도록 하겠습니다.

컴퓨터, TV 등의 디스플레이는 어떻게 만들까요

앞에서 브라운관 이야기가 잠깐 나왔지만, 여러분들은 브라운관으로 된 TV를 아예 보지 못한 사람도 많을 것입니다. 20년 전만 해도 컴퓨터 모니터는 CRT라고 부르는 음극선관 모니터였는데, 지금은 납작한 LCD 모니터로 바뀌었습니다. 이렇게 화면에 영상을 표현하는 기기를 통칭해서 요즘은 디스플레이라는 말을 많이 씁니다. TV에 대한 광고를 보면 이제는 LCD뿐 아니라 LED니, OLED니 QLED니 해서 정신없을 만큼 여러 종류가 나오고 있습니다. 이러한 디스플레이들은 현대물리학의 이론과 최신 기술이 만나는 현장이라고 할 수 있습니다.

LCD란 '액정 디스플레이(Liquid Crystal Display)'의 약자입니다. 여기서 액정은 액체로 된 결정이라는 뜻이지요. 결정이란 물질을 이루는 원자나 분자가 규칙적으로 늘어선 것을 말하는데, 액체란 원자나 분자가 제멋대

과거에는 브라운관 텔레비전을 이용했지만,
현재는 납작한 LCD로 바뀌었습니다.

로 움직이는 상태니 '액정'이라는 말이 얼핏 들으면 모순처럼 들립니다. 하지만 모순은 아니고, 액정이란 어떤 조건이 되면 (주로 온도가 맞으면) 분자들이 제멋대로 움직이기는 하지만 방향이 일정하게 정렬하는 특수한 성질을 가지는 물질을 말합니다.

디스플레이의 기본 원리는 화면을 '화소'라는 작은 단위로 나누고, 각각의 화소에 나가는 빛을 조정해서 전체적으로는 하나의 그림으로 보이게 하는 것입니다. 그러기 위해서는 우리 눈에 보이는 빛을 만들고 이를 조정해야 하지요. 앞서 말한 브라운관의 경우, 가속기가 만든 전자빔이 화면 왼쪽 위에서부터 차례로 오른쪽 아래까지 모든 화소를 엄청나게 빠르게 훑고 지나갑니다. 전자빔이 화소의 형광물질을 때리면 형광물질이 빛을 내고, 우리는 이 빛을 보게 됩니다. 전자빔이 화소를 어떻게 때리는지를 조정해서 우리가 보는 화면을 만들어 내는 것이지요.

LCD에서 우리가 보는 빛은 평판 뒤의 광원에서 나오는 빛입니다. 예전에는 이 빛을 형광등으로 만들었는데, 요즘은 대부분 LED 광원을 이용해서 만들고 있습니다. 그래서 LED TV라고 부르기도 하지요. 사실 LCD TV와 원리는 같고 다만 광원이 다를 뿐입니다. 각 화소는 액정을 납작한 유리판 사이에 넣은 액정 셀로 이루어져 있고 전극이 달려 있습니다. 이 전극에 전압을 적절히 걸어 액정의 상태를 바꿀 수 있지요. 화소는 또한 편광판이 앞뒤로 달려 있어서 편광판과 액정의 상태가 조합되어 빛이 통과하고 말고를 결정합니다. 각 화소는 컬러 필터를 이용해서 3원색을 나타내는 부화소로 이루어져 있으므로 어느 부화소를 통과시키고 막느냐에

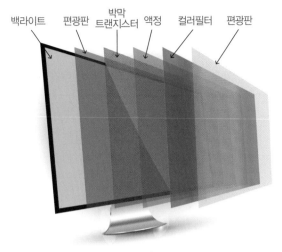

백라이트　편광판　박막
트랜지스터　액정　컬러필터　편광판

· LCD 모니터의 구조 ·

따라 각 화소의 색깔이 결정됩니다. 이것이 LCD의 기본 원리입니다.

　이렇게 LCD의 구조를 보면 우선 액정이라는 물질을 분자 수준에서 이해해야 하고, 이를 조정하는 기술을 개발해야 하며, 빛이 편광판과 액정을 통과할 때 일어나는 일 역시 정확히 알고 있어야 합니다. 빛과 물질에 대한 현대물리학의 지식이 총동원되어야 하는 것이지요.

　말이 나온 김에 조금만 더 소개하자면 QLED란 양자점(Quantum dot)이라는 나노 반도체가 뒤에서 빛을 내는 LED의 부품에 들어가서 TV의 색깔을 표현하는 능력을 향상시킨 기술입니다. 앞부분에서 화소를 조정하는 것은 액정이기에, 결국 QLED TV란 LCD TV의 한 종류라고 할 수 있습니다.

　한편 OLED TV라는 것도 나오고 있는데, OLED TV는 근본적으로 다릅니다. OLED는 유기(Organic) LED라는 뜻으로, 유기 화합물로 만든 LED를 말합니다. OLED TV는 화소 자체가 OLED로 만들어져서 전류 신호에 따라서 스스로 빛을 냅니다. 그래서 색깔의 자연스러움이나 시야각 등 여러 특성이 보통의 LCD TV보다 더 뛰어나지요. 게다가 화면을 휘게 만들거나 투명하게 보이게 하는 등 여러 가지 특성을 구현할 수 있으므로, 앞으로도 많은 가능성이 열려 있다고 하겠습니다.

디스플레이는 TV를 비롯해 응용할 곳이 워낙 많기 때문에 최근 급속도로 발전하고 있는 분야입니다. 현대물리학이 빛과 물질을 깊이 이해하게 해준 덕분에, 우리는 완전히 새로운 디스플레이의 세상을 경험하고 있습니다. 특히 우리나라는 디스플레이 기술 분야에서 세계를 선도하고 있으므로, 여러분도 관심을 가져보시면 앞으로 여러 가지 재미있고 훌륭한 일을 할 수 있을지 모릅니다.

노벨 물리학상을
두 번 받은 사람이 있다고요?

　한 번도 받기 어려운 노벨상을 두 번씩 받은 사람이 몇 명 있습니다. 여러분도 다들 아실 마리 퀴리는 방사선을 연구하고 방사성 물질인 폴로늄과 라듐을 발견한 업적으로 노벨 물리학상과 화학상을 각각 수상했습니다. 미국의 화학자 라이너스 폴링(Linus Pauling, 1901~1994)은 양자역학을 화학에 적용시킨 업적으로 노벨 화학상을, 그리고 반핵 평화운동에 기여해 노벨 평화상을 받았습니다. 영국의 화학자 프레더릭 생어(Frederick Sanger, 1918~2013)는 인슐린의 단백질 구조를 확정시킨 공로와 DNA의 분리 방법을 개발한 공로로 노벨 화학상을 두 차례 받았습니다.

　미국의 존 바딘(John Bardeen, 1908~1991)은 유일하게 노벨 물리학상을 두 차례 수상했습니다. 바딘은 벨 연구소에서 새로운 소자를 개발하는 일을 맡아서 동료인 월터 쇼클리, 월터 브래튼과 함께 1947년에 트랜지스터를 발명했습니다. 반도체의 성질을 이용해서 전자의 움직임을 제어하는

• 왼쪽부터 존 바딘, 윌리엄 쇼클리, 월터 브래튼 •

장치인 트랜지스터의 발명은 전자공학의 시대를 여는 가장 중요한 사건이었습니다. 이 업적으로 쇼클리, 바딘, 브래튼은 1956년 노벨 물리학상을 공동 수상했지요.

이후 바딘은 일리노이 대학교로 자리를 옮겨서 초전도 현상을 연구하기 위한 연구팀을 꾸렸습니다. '초전도'란 매우 낮은 온도에서 물질의 전기 저항이 갑자기 0이 되는 현상입니다. 초전도에 대해서는 다음 장에서 이야기할 예정이니 여기서는 이 정도로만 설명하겠습니다. 초전도 현상은 1911년에 발견되었는데, 한참 동안 아무도 이를 설명하지 못해서 물질의 물리학에서 가장 어려운 문제로 꼽혔습니다. 바딘은 이 문제에 도전한 것입니다. 연구원인 리언 쿠퍼(Leon Cooper, 1930~), 학생인 존 슈리퍼(John Schrieffer, 1931~2019)와 함께 연구를 거듭한 끝에 바딘은 첫 노벨상을 받은 직후인 1957년 초전도 이론을 완성했습니다. 이야기에 따르면 바딘은 노벨상 시상식 전날까지도 연구를 하고 있었고, 상을 받고 돌아온 다음 날 바로 다시 초전도 연구를 시작했다고 합니다. 이들의 초전도 이론은 세 사람의 이름의 머리글자를 따서 BCS 이론이라고 부릅니다. 세 사람은 이 업적으로 1972년 노벨 물리학상을 수상했고 이로써 바딘은 유일하게 노벨 물리학상을 두 번이나 수상하게 되었습니다.

노벨상은 특별한 업적에 대해서 주기도 하지만 공로상이라는 의미도 있어서 여간해서는 한 사람에게 두 번 주지 않습니다. 하지만 바딘은 트랜지스터와 초전도라는, 20세기 물성물리학의 가장 중요한 두 가지 일을 주도적으로 성취했으므로 노벨상을 주지 않을 수가 없었을 것입니다. 물리학이 발전함에 따라 문제가 점점 어렵고 거대해져서 개인이 단독으로 해결하기는 어려워지고 있는 만큼, 앞으로 바딘과 같이 상을 두 번 수상하는 일은 나오기 어려울 것입니다.

물리학은 앞으로 어떻게 발전할까요

미래의 물리학을 이야기하기는 어렵습니다. 물리학은 인류의 물질세계에 대한 지식을 넓히는 일이기에, 미래의 물리학은 지금 존재하지도 않고 아무도 알지 못하는, 심지어 상상도 하지 못한 그 무엇일 겁니다. 그러므로 미래의 물리학을 지칭하거나 설명하는 말 자체도 지금은 없을 겁니다. 양자역학, 블랙홀, 레이저 등도 이전에는 존재하지 않는 말이었으니까요. 그러니 미래의 물리학을 이야기하는 일은 어쩌면 불가능한 일인지 모릅니다.

그래도 지금 이 순간, 21세기의 초반 20년이 지난 시점에서, 우리가 기대하고 예측하는 물리학의 발전 방향을 한번 생각해 보겠습니다. 나중에 물리학과 관련된 일을 하는 분이 있다면, 여기서 나온 이야기들이 얼마나 실현되었는지 혹은 여전히 탐구 중인지, 그도 아니면 애초에 잘못 생각한 것이었는지 현장에서 확인해 줄 수 있겠지요?

우주와 물질을 이해하기 위한
천체물리학과 우주론

물리학은 20세기에 인류의 복지와 풍요에 크게 기여했고, 미래에도 분명 그럴 것입니다. 그런데 인류의 복지에 기여하고자 하는 것은 물리학만이 아니라 인간 활동의 모든 분야가 마찬가지입니다. 그러니 다른 분야에서는 생각하지 않고 오직 물리학만이 다루는 주제를 먼저 생각해 봅시다. 물리학만이 다루는, 물리학 고유의 주제라면 역시 우주와 물질의 근원을 탐구하는 일일 것입니다.

우주는 어떻게 시작했고, 앞으로 어떻게 될까요?

우주가 어떻게 시작했고, 미래에는 어떻게 될지를 이해하고 싶은 건 아마도 인간이 본성처럼 가지고 있는 욕망일 것입니다. 과학자들이 우주를 이해하려고 하는 것은 우주를 탐험하는 데 필요해서도 아니고, 우주를 개발해서 이득을 얻을 수 있으리라고 기대해서도 아닙니다. 물론 우주에 대한 지식이 있으면 우주를 탐험하고 개발하는 데에도 도움이 되겠지만요.

20세기에 발견한 가장 중요한 자연현상을 꼽으라면 우주가 팽창한다는 사실일 것입니다. 우주가 팽창한다는 사실은 은하들을 관측해서 얻은 관측 사실입니다. 이 관측 사실이 아인슈타인의 일반 상대성 이론과 20세기 중반에 발전한 핵물리학과 결합해 '빅뱅 이론'이라고 부르는, 오늘날의 표준적인 우주론이 확립되었습니다.

사실 '팽창'이라는 표현을 흔히 사용하기는 하지만, 이렇게 말하면 우리가 우주 바깥에서 우주를 보면서 말하는 느낌이라 조심해서 받아들여야 합니다. 그런 일은 불가능하니까요. 그러니 이렇게 생각해 봅시다. 우리는 물이 가득 차 있는 어항 안에 있는 물고기이고, 어항이 점점 커져갑니다. 우리 자신은 물론 어항 안의 물도 그대로인데 어항만 커져가는 겁니다. 단, 현실의 어항이라면 물이 아래쪽에만 남아 있고 물 위의 빈 공간만 커져가겠지만, 우주는 그런 게 아니니까 물은 어항 전체에 여전히 골고루 퍼져 있어야 합니다. 다시 말해 어항이 커질수록 물은 점점 옅어져 갑니다. 어항 안에 있는 우리가 느낄 수 있는 것은 이렇게 물이 옅어져 간다는 사실 뿐입니다.

위의 예에서 물은 우주에서는 우주배경복사에 해당합니다. 배경복사라는 말이 낯설게 느껴질 텐데요, 일단 '배경'이라는 말은 위에서 설명한 어항의 예에서 물처럼 우주 전체에 고루 퍼져 있다는 뜻입니다. 그리고 '복사'라는 말은 간단히 말해서 빛, 조금 더 정확히 말하자면 전자기파를 의미합니다. 그러니까 우주배경복사란 쉽게 말해서 우주 전체에 고르게 퍼져 있는 빛이라는 뜻입니다.

어항이 팽창하면 물이 옅어져 밀도가 낮아지듯이, 우주가 팽창하면 빛의 에너지 밀도가 낮아집니다. 이를 두고 현대우주론에서는 온도로 환산해서, '우주가 식어 간다.'라고 말하고, 지금의 우주배경복사를 3도 배경복사라고 부르기도 하는데(조금 더 정확히 말하면 2.73도입니다), 이때 온도는 섭씨가 아니라 절대온도입니다. 그러니까 섭씨로 환산하면 약 영하 270도에 해당합니다. 우주 탄생 이후 지금까지 계속 식었으니 엄청나게 낮은 온도가 된 거죠.

앞에 말한 대로 우주 안에 있는 우리가 관측할 수 있는 것은 이렇게 낮은 온도로 우주 전체에 일정하게 깔려 있는 배경복사뿐입니다. 그리고 정말로 우주배경복사가 발견되었으므로, 이 사실은 빅뱅 우주론이 옳다는 중요한 증거가 되었습니다. 그래서 우주배경복사를 발견한 펜지어스와 윌슨은 1978년에 노벨 물리학상을 받았지요.

최근 우주론에서 활발하게 연구되는 주제는 바로 이 배경복사를 정밀하게 관찰하는 일입니다. 배경복사를 관찰한다는 게 무엇이며, 왜 배경복사를 관찰하려고 할까요? 빛의 속력이 유한하기 때문에, 우리가 멀리 있는 천체를 관찰할 때 사실은 그 천체의 과거의 모습을 보고 있는 것입니다. 그러니까 지구에서 백만 광년 떨어진 별을 본다면 그 빛은 백만 년 전에 별을 떠난 것이므로 우리는 백만 년 전 모습을 보고 있는 거죠. 이런 상황

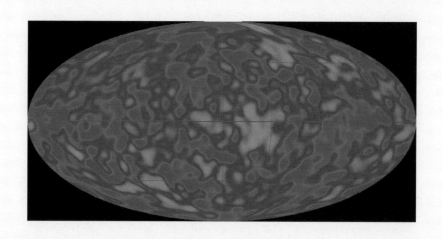

우주배경탐사선, 일명 '코비'가 관측한
우주배경복사를 두고 관측 책임자는
"신의 얼굴을 보는 셈이다."라고 말했습니다.

을 배경복사에 적용해 보면, 아주 먼 곳의 배경복사를 관찰한다는 건 결국 아주 오래전의 우주의 모습을 관측하는 셈이 됩니다. 즉, 배경복사는 아주 이른 시기, 별들이 탄생하기도 전의 우주에 대한 정보를 가지고 있습니다. 우리가 우주에 대해서 가장 궁금해하는 주제 중 하나가 우주는 어떻게 시작했는가 하는 점인데, 배경복사는 여기에 대해서 많은 것을 말해 줄 수 있습니다. 이것이 배경복사를 관찰하려는 이유입니다.

우주배경복사를 관측한 가장 유명한 실험은 NASA에서 1989년에서 1996년까지 수행한 우주배경탐사선(Cosmic Background Explorer), 약자로 코비(COBE)라고 부르는 위성의 관측 실험입니다. 이 실험에서 관측한 우주배경복사 사진은 유명합니다. 언론이나 다른 매체에서 이 사진을 보신 분도 많이 있을 것입니다. 실험의 책임자인 조지 스무트는 이 사진을 두고 "신의 얼굴을 보는 셈이다."라고 말하기도 했습니다.

정확히 말하자면 이 사진은 우주가 거의 처음 생겨났을 때의 우주배경복사의 온도 혹은 에너지 변동을 우주의 모든 방향에 대해 측정한 것입니다. 빛은 우주 전체에 퍼져 있으므로 원리적으로 우주배경복사도 모든 곳에서 완전히 균등해야 하지만, 그 순간 위치마다 물질이 많고 적고의 차이 때문에 위치에 따라 미세한 차이는 있을 수밖에 없습니다. 코비가 관측한 사진 속 색깔이 바로 그 미세한 차이를 나타냅니다. 즉 이 미세한 차이의 정도는 그 당시의 물질 분포 정도를 알려 줍니다.

코비 실험의 대표였던 조지 스무트(George Smoot, 1945~)와 존 매더 (John Mather, 1946~)는 이 업적으로 2006년 노벨 물리학상을 수상했습니다. 우주배경복사의 관측 실험은 그 이후 WMAP, PLANCK 등의 다른 위성을 통해 더욱 정밀하게 관측되었고, 우리는 옛날의 우주의 상태에 대해 더 자세한 정보를 얻게 되었습니다.

우주배경복사는 원자핵과 전자 상태로 우주에 존재하던 물질들이 원자를 이룰 때 동시에 만들어졌습니다. 물질이 원자를 이루면 전기적으로 중성이 됩니다. 다시 말해 겉으로 보기에는 전기가 보이지 않지요. 그래서 전자기파가 더 이상 원자들과 상호작용을 하지 않고 배경복사로 남게 되는 것입니다. 이 시기는 대략 우주가 탄생하고 약 38만 년쯤 지난 시간입니다. 그러니까 우주배경복사를 통해 얻은 지식은 우주 탄생 후 38만 년이 지난 시기에 관한 지식입니다. 그러면 그전에는 무슨 일이 있었을까요?

원자를 이루기 위해서는 먼저 원자핵이 만들어져야 합니다. 원자핵은 양성자와 중성자로 이루어져 있으므로, 원자핵이 만들어지려면 먼저 쿼크로부터 양성자가 만들어져야 합니다. 이런 일들이 그 전에 일어났습니다. 빅뱅 우주론은 바로 이런 일들을 설명하는 이론입니다. 빅뱅 이론에 따르면 우주가 처음 생기고 나서 10만 분의 1초쯤 지났을 때 쿼크가 결합해서 양성자와 중성자가 만들어졌고, 1분쯤 되었을 때는 수소와 헬륨 등의 원자핵이 만들어졌습니다.

그럼 쿼크는 어디에서 왔을까요? 이는 훨씬 어려운 문제입니다. 현재 우리의 지식으로는 쿼크가 가장 기본 입자이기 때문에 다른 재료로 만들어진 게 아니라, 에너지가 쿼크–반쿼크 쌍이라는 물질로 전환되면서 생겨났을 것이라고 생각하고 있습니다. 쿼크뿐 아니라 전자와 같은 입자들도 마찬가지입니다. 이러한 물질과 에너지의 변환을 설명하는 것이 아인슈타인의 유명한 질량-에너지 등가 관계식인 $E=mc^2$ 입니다. 하지만 쿼크가 탄생하는 시간대에 우주에 무슨 일이 일어났는지는 현재로는 정확히 알기 어렵습니다.

현재 물리학자들은 우주가 생겨나자마자 전체가 갑자기 급속도로 팽창하는 급팽창을 겪었다고 생각하고 있습니다. 그 후에 지금 보는 것과 같은 속도로 팽창했다고 봅니다. 이렇게 급팽창했다고 생각하는 이유는 우주가 지금 보는 팽창을 하기 시작할 때 전체가 하나의 상태였던 것처럼 보이기 때문입니다. 즉, 한 점에서 갑자기 팽창을 시작할 때의 상태로 확 커진 것처럼 보인다는 의미입니다. 그래서 물리학자들은 이 급팽창을 이론적으로 설명하고, 또 그러한 증거를 찾고자 노력하고 있습니다.

이렇게 우주가 탄생하는 초기 우주에 무슨 일이 있었는가를 정확히 알아내는 것이 앞으로 천체물리학과 우주론이 탐구하는 가장 중요한 주제입니다.

우주는 무엇으로 만들어졌을까요?

천체물리학과 우주론의 또 다른 중요한 주제는 우리 우주가 과연 무엇인가, 즉 무엇으로 이루어져 있는가 하는 점입니다. 빅뱅 이론이 처음 나왔을 때만 해도 이 질문에 대한 답은 명백했습니다. 당시의 사람들에게 우주는 4차원 시공간, 정확히 말하자면 3차원 공간과 1차원 시간 속에 원자로 이루어진 물질이 떠 있는 곳이었습니다. 우주에 떠 있는 물질, 말하자면 별을 관측하는 것이 전통적인 의미의 천문학이었죠. 이런 우주를 설명하려면 4차원 시공간은 아인슈타인의 일반 상대성 이론으로 기술하고 그 안의 물질은 양자역학을 이용한 핵물리학, 더 발전하면 입자물리학으로 설명합니다. 이것이 빅뱅 우주론이지요. 빅뱅 우주론을 더 연구하자, 우주 대부분의 시공간은 물질이 없이 비어 있는 것처럼 보이지만 사실은 우주배경복사라는 전자기파가 모든 우주를 가득 메우고 있다는 것도 알게 되었습니다.

하지만 이후 물리학과 우주론은 눈부시게 발달했습니다. 지금은 우주에 대해서 그보다 훨씬 상세한 부분까지 알고 있고, 저런 간단한 설명만으로는 부족하다는 것도 잘 알고 있습니다. 현재까지 연구된 바에 따르면, 우주가 지금과 같은 모습이 되려면 물질도 더 있어야 하고, 특이한 형태의 에너지도 있어야 합니다. 물질이 더 있어야 한다는 말은, 필요한 물질의 양이 우리가 보고 있는 별과 은하보다 훨씬 많다는 말입니다. 그러므로 이렇게 물질이 더 있다면 그 물질은 보이지 않아야 합니다. 이런 물질을 '암흑 물질'이라고 부릅니다.

암흑 물질이 무엇인지, 보이지 않는다는 점 외에 어떤 성질을 가졌는지 우리는 아직 아무것도 알지 못합니다. 우리가 알고 있는 사실은 암흑 물질의 전체 밀도뿐입니다. 암흑 물질의 성질을 모르므로, 암흑 물질을 연구하기 위해서는 먼저 이론적인 모형을 가정해야 합니다. 이론적인 모형이 결정되면 어떻게 측정해야 할지 방법을 생각해 볼 수 있습니다. 우주에 존재하는 암흑 물질을 위성을 통해 측정하려는 시도도 있고, 지하 실험실에서 검출하려는 실험도 있습니다. 태양의 내부나 은하의 중심처럼 암흑 물질이 많이 모여 있는 곳에서 암흑 물질끼리 소멸해서 나오는 신호도 찾고 있으며 가속기에서 암흑 물질이 만들어질 가능성도 탐구하고 있습니다. 아직까지 별다른 결과를 얻지는 못하고 있습니다만, 이렇게 암흑 물질을 이론적으로 이해하고 관측하는 일은 현재 천체 및 입자물리학자들의 가장 중요한 과제입니다.

암흑 에너지 문제는 좀 더 미묘하고 어렵습니다. 2011년 노벨 물리학상을 받은 미국과 오스트레일리아의 연구진들의 업적은 우리 우주가 팽창하는 정도가 점점 빨라지고 있다는 사실을 관측한 일이었습니다. 이런 현상을 설명하기 위해서는 우주에 아주 이상한 성질이 있다고 생각해야 합니다. 만약 우주가 압력을 받고 있다면 우주 팽창이 억제되고 오히려 쪼그라들 것입니다. 그런데 반대로 가속 팽창한다는 것은 압력의 부호가 (−)인 셈입니다. 확실히 이상한 성질이죠? 어쨌든 일반 상대성 이론의 방정식에서 이런 성질을 나타내는 방법은 오래전에 아인슈타인이 시도한 적이 있어서 잘 알려져 있습니다. 방정식에 진공의 에너지 밀도를 나타내는 상수 항을 더해 주면 됩니다. 이 항을 '우주상수'라고 부릅니다. 문제는 이 우주상수를 이론적으로 계산하는 일이 아주 어렵다는 점입니다. 우주상수는 에너지에 해당하는 물리량이므로 이를 흔히 암흑 에너지라고 부릅니다.

암흑 물질과 암흑 에너지 문제는 현재 우리가 우주를 이해하기 위해서 반드시 해결해야 할 문제입니다. 미래에는 이러한 문제들이 해명되고 우리가 좀 더 우리 우주를 잘 이해하게 될 것으로 기대합니다.

물질의 근본적인 구조를
이해하기 위한 모든 것의 이론

20세기에 인간의 지식이 가장 크게 진보를 이룬 분야는 물질의 근본적인 구조를 이해하는 분야일 것입니다. 앞에서 인간이 원자를 발견하고, 원자의 구조와 원자를 지배하는 법칙을 발견한 과정을 살펴보았지요. 오늘날의 문명은 거의 전적으로 이로부터 파생된 것입니다. 오늘날 우리가 물질을 다루는 기술은 모두 원자라는 개념을 바탕에 두고 있으며, 나아가서 생물학에서도 생명체를 원자 및 분자 수준에서 분석하고 이해하지요.

여기서 더 나아가 우리는 원자의 구조로부터 원자핵의 존재를 발견하고 원자핵의 여러 가지 성질도 알아냈습니다. 그리고 더욱 파고든 결과 원자핵을 이루는 양성자와 중성자, 그리고 다시 양성자와 중성자를 이루는 쿼크라는 존재도 알게 되었습니다.

기본입자의 표준 모형

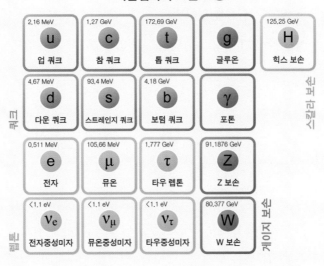

표준모형은 현재까지 '모든 것의 이론'에
가장 가까운 이론입니다.

쿼크와 같은 기본 입자를 발견한 것도 놀라운 일이지만, 더욱 놀라운 것은 이 기본 입자들이 어떻게 행동하고 반응하는지 알게 되었다는 사실입니다. 물리학자들은 언뜻 보기에 매우 복잡해 보이는 기본 입자들의 성질을 양자역학적으로 통일성 있게 이해하고 상대성 이론에 맞는 역학으로 표현해 냈습니다. 그리고 기본입자들의 상호작용은 '게이지 대칭성'이라는 원리로 설명된다는 점을 알아냈지요. 그리하여 1970년대 초중반쯤 방정식을 완성할 수 있었고요. 이 방정식을 입자물리학의 표준모형이라고 부릅니다.

궁극적으로 물질은 무엇일까요?

인간은 과학을 통해서 자연현상을 점점 더 잘 이해하게 되었고 이를 이용한 기술과 물질문명을 발전시켰습니다. 그런데 입자물리학의 표준모형은 이제까지 인간이 정립한 어떤 과학 이론과도 보편성과 정밀성이라는 면에서 차원을 달리하는 이론입니다.

먼저 보편성 측면을 한번 볼까요? 다른 과학 이론은 이론이 적용되는 범위가 정해지기 마련입니다. 하지만 입자물리학의 표준모형이 다루는 대상은 물질을 이루는 기본 입자들이기 때문에, 어떤 물질에도 적용됩니다. 우리가 보는 보통의 물질은 원자로 이루어져 있는데, 원자핵과 전자가 원자를 이루는 일, 그리고 쿼크가 양성자와 중성자를 이루고 다시 원자핵을 이루는 일을 설명하는 이론이 바로 표준모형이기 때문입니다. 또한 원자 상태가 아닌 별의 내부에서 일어나는 일도 표준모형으로 설명합니다. 나아가서 우주 초기에 원자가 만들어지기 이전에 존재했던 물질의 행동도 표준모형으로 설명합니다. 이런 의미에서 입자물리학에서 추구하는 이론을 '모든 것의 이론(Theory of everything, TOE)'이라고 부르기도 합니다. 모든 것의 이론이라는 말은 좀 과장되어 있기도 하고, 표준모형이 정말로 모든 것을 설명한다고는 할 수 없지만, 표준모형이 모든 것의 이론에 가장 가까운 것은 사실입니다.

다음으로 정밀성이라는 측면에서 보면, 표준모형은 우리가 아는 한 정확히 맞는 이론입니다. 지금까지 여러분이 들어 보거나 학교에서 배운 모든 이론은 적절한 조건 아래에서만 맞는 이론이며 조건이 달라지거나 정밀도를 높이면 완전히 옳지는 않습니다. 물리학 이론이라고 해도 그렇습니다.

예를 들어서 여러분도 잘 알고 있을 옴의 법칙을 생각해 봅시다. 옴의 법칙은 전압과 전류가 비례하고 그 비례상수는 전류가 흐르는 물질의 종류 및 상태에 따라 정해지는 저항의 값으로 나타낼 수 있다는 법칙입니다. 그런데 이 비례 관계는 전압이나 전류가 극단적으로 커지면 더 이상 성립하지 않습니다. 또한 온도가 극단적으로 낮거나 높아도 역시 달라집니다. 그리고 물질에 따라서는 옴의 법칙이 성립하지 않기도 합니다. 즉, 옴의 법칙이란 우리가 일반적으로 실험하는 조건에서 대부분의 물질에 근사적으로 성립하는 법칙이지요.

그러나 표준모형은 그렇지 않습니다. 표준모형이 말하는 바를 실험에서 정확하게 측정할 수 있는 한, 그리고 이론으로 정밀하게 계산할 수 있는 한 실험과 이론은 정확하게 맞습니다. 만약 누군가가 맞지 않는 부분을 발견한다면, 그것이 소수점 이하 세 자리에서 달라진다 해도 곧장 노벨상을 받을 수 있을 정도입니다.

표준모형이 이렇게 놀라운 성질을 가지는 이유는 이론이 특별하거나 다른 이론보다 우월해서가 아니라, 과학자들이 해온 연구에서도 가장 기초적이고 근본적인 면을 추구한 이론이기 때문에 그렇습니다. 물론 그러한 기초적인 면을 설명하는 원리를 찾아내고 방정식으로 정리한 것은 정말로 놀라운 일이며, 지금까지 인간의 역사에서 가장 중요한 지적 사건이라고 해도 과언이 아닙니다.

표준모형이 정말로 모든 것을 설명할 수 있나요?

지금까지 표준모형에 대해 좋은 점만 어마어마하게 늘어놓았지만, 그렇다고 표준모형이 완전한 이론은 아니며 정말로 모든 것의 이론도 아닙니다. 그 이유를 이론의 외적인 것과 이론 자체인 부분으로 나누어서 보도록 하겠습니다.

먼저 이론 외적으로는, 이론이 적용되지 않거나 설명하지 못하는 부분이 명확하게 있습니다. 첫째로 중력은 표준모형의 대상이 아닙니다. 그러니까 전자 두 개가 만나서 전기적인 상호작용을 하는 건 표준모형으로 정확히 설명할 수 있지만, 둘 사이의 중력은 표준모형으로는 설명할 수 없습니다. 물론 전자 수준에서의 중력은 우리가 실험해서 검증하기가 불가능할 정도로 작아서, 전자를 설명하는 데는 거의 중요하지는 않습니다. 하지만 별들과 은하의 움직임이나 블랙홀 등은 중력으로 설명해야 하는데, 표준모형은 여기에 아무런 역할을 하지 못합니다.

두 번째로 중성미자라는 입자의 질량에 대해 설명하지 못합니다. 중성미자는 너무나 가벼워서 오랫동안 과연 질량이 있는지조차 알지 못했기 때문에, 표준모형은 중성미자의 질량을 0이라고 가정하고 만들어졌습니다. 중성미자의 질량은 중성미자를 제외하고 가장 가벼운 입자인 전자의 1만분의 1보다도 더 가벼우며, 아직도 측정하지 못하고 있습니다. 다만 질량이 있을 때만 나타내는 독특한 성질을 관측했기에 질량이 있다는 걸 확인하게 되었지요. 그렇다고 해도 중성미자의 질량이 워낙 작으므로 지금까지의 거의 모든 실험에는 영향을 주지 않습니다. 어쨌든 중성미자의 질량에 따르는 독특한 성질은 위에서 말한 표준모형과 맞지 않는 부분이고, 이 성질을 확인한 업적으로 일본의 가지타 다카아키(梶田 隆章, 1959~)와 캐나다의 아서 맥도널드(Arthur McDonald, 1943~)가 2015년에 노벨 물리학상을 받았습니다. 이렇게 표준모형이 확실히 맞지 않는 부분을 발견하면 바로 노벨상을 받을 정도이지요.

세 번째로는 앞에서도 한번 이야기한 일이지만, 표준모형으로 암흑 물질을 설명하지 못한다는 점입니다. 표준모형에 등장하는 입자들은 모두 발견되었고, 상호작용의 크기도 몇 개의 항을 제외하면 모두 측정되었습니다. 따라서 표준모형 방정식에는 암흑 물질에 해당하는 내용이 없습니다. 그러므로 우주에 암흑 물질이 존재한다면 표준모형을 더 발전시켜서 그러한 내용을 넣어 주어야 합니다.

표준모형이 설명하지 못하는 일 하나를 더 들어 본다면, 입자와 반(反)입자의 대칭성 문제가 있습니다. 에너지가 물질로 전환될 때는 입자와 반입자가 쌍으로 생기기 때문에 입자와 반입자가 우주에 똑같은 양으로 존재해야 할 것입니다. 그런데 지금까지 우리가 우주를 관측한 결과에 따르면 우주에는 반입자 혹은 반물질로 이루어진 별이나 천체는 존재하지 않습니다. 즉, 물질이 반물질보다 더 많이 만들어진 것입니다. 왜 물질이 반물질보다 더 많은지를 물질에 대한 이론인 표준모형은 설명해 주지 못합니다. 논란이 되는 문제는 좀 더 있지만, 가장 중요하게는 이 네 가지가 표준모형의 명백한 한계이며 앞으로 물리학자들이 풀어야 할 과제입니다.

이론 자체의 문제는 여기서 설명하기는 좀 까다롭지만, 간단히 말해 보면 이런 문제들입니다. 표준모형에 있는 여러 쿼크와 전자 등의 입자들이 왜 그렇게 여러 가지인지, 그리고 그런 입자들의 질량은 모두 제각각인데 왜 그런 값을 갖는지, 왜 표준모형의 에너지 스케일이 중력의 에너지 스케일과 그렇게 차이가 나는지 등등이지요. 이런 문제는 대답하기가 매우 까다롭고, 사실 올바른 질문인지 확실하지 않기도 합니다. 이전에는 이런 문제들은 물리학의 문제라고 생각하지도 않았는데, 정말로 근본적인 원리를 추구하다 보니 이런 질문까지도 나오게 된 것입니다. 그러나 이러한 질문에 대답하려고 애쓰는 과정에서 이론에 대한 우리의 이해가 더욱 깊어지고, 전혀 의외의 발전이 이루어질 수도 있을 것입니다.

근본적인 이론을 찾기 위한 물리학자들의 노력

물리학자들은 이러한 표준모형의 문제를 잘 알고 있으며, 따라서 보다 완전하고 더 근본적인 이론을 완성하기 위해서 이론적인 탐구와 함께 수많은 실험과 관측을 수행하고 있습니다. 미래에도 이러한 노력은 계속될 것입니다. 여기서 현재 수행되고 있거나 계획되고 있는 특별한 실험 몇 가지만 소개해 보겠습니다.

대형 가속기를 이용한 실험을 더 높은 에너지 상태를 만들어서 새로운 이론을 직접 테스트하는 가장 좋은 방법입니다. 하지만 가속기 실험은 커다란 문제가 있는데, 실험이 너무 거대해져서 비용과 시간이 엄청나게 들어간다는 점입니다. 현재 가장 큰 가속기인 CERN의 LHC는 둘레가 27킬로미터로, 서울의 사대문 안쯤에 해당하는 크기입니다. 하지만 물리학자들은 여기에 만족하지 않고 둘레가 100킬로미터에 이르는 새로운 가속기의 건설을 꿈꾸고 있습니다. 이쯤 되면 웬만한 도시는 그 안에 들어갈 크기입니다. 이런 가속기를 건설하는 일은 비용과 시간뿐 아니라 기술적으로도 어마어마한 도전입니다.

앞에서 우리가 발견했지만 표준모형으로 완전히 설명하지는 못하는 입

• 우주에서 날아오는 중성미자를 관측하기 위해
남극 대륙의 거대한 얼음을 이용하는 아이스큐브 실험 •

자가 중성미자라고 했지요. 중성미자는 독특한 성질 때문에 이를 관측하는 실험도 매우 특이한 경우가 많습니다. 그중에서도 가장 독특한 실험은 남극에서 벌어지는 아이스큐브(IceCube)라는 이름의 실험입니다. 이 실험은 우주에서 날아오는 중성미자를 관측하기 위한 실험인데, 특이한 점은 남극 대륙의 거대한 얼음 자체를 실험 매질로 쓰고 있다는 점입니다. 앞에서 중성미자는 물질과 상호작용을 거의 하지 않는다고 했지요. 따라서 중성미자를 관측하려면 많은 양의 물질을 매질로 이용해서 관측해야 합니다. 아이스큐브는 남극의 얼음에 약 2킬로미터 깊이의 구멍을 여러 개 뚫어서 그 안에 광센서를 일정한 간격으로 넣어 놓았습니다. 그래서 우주에서 날아온 중성미자가 얼음을 이루는 물 분자 속의 전자나 원자핵과 반응

할 때 나오는 미세한 빛을 검출해서 중성미자를 관측하지요. 수 킬로미터에 이르는 남극의 얼음을 통째로 실험에 이용하다니, 물리학자들의 상상력이 놀랍지 않으신가요?

이외에도 비슷한 개념으로 중성미자를 검출하기 위해 러시아의 바이칼 호수의 물을 이용하는 실험도 있고, 지중해에서 바닷물을 이용하려는 KM3Net이라는 계획도 있습니다. 중성미자 연구는 앞으로도 우리의 상상력을 얼마든지 더 필요로 할 것입니다.

우주와 물질에 대한 이러한 탐구가 인류에게 어떤 유익을 가져다줄지 미리 알기는 어렵습니다. 당장은 물론이고 상당한 시간이 흘러도 마찬가지입니다. 하지만 우주와 물질을 이해하려는 인간의 꿈은 앞으로도 사라지지 않을 것이며, 물리학자들의 연구와 탐사도 계속될 것입니다.

양자역학을 이용해
정보를 처리하는 양자 정보학

양자역학이라는 이론을 개발한 덕분에 우리는 원자와 그보다 더 작은 세계를 탐구할 수 있게 되었습니다. 원자들끼리의 상호작용을 설명하고, 원자를 이루는 원자핵과 전자의 상태를 이해하고, 나아가서 원자핵보다 더 작은 세계를 탐구하기 위해서 양자역학은 정교하게 발전했고 양자역학에 대한 우리의 이해는 더욱 깊어졌지요.

그런데 양자역학의 이론 체계를 깊이 이해하려 하면 할수록 양자역학에는 우리가 알지 못했고 상상하지도 못했던, 신비하다고 할지 심오하다고 할지 모를 내용이 포함되어 있음을 물리학자들은 깨닫게 되었습니다. 그리고 양자역학의 그러한 성질들을 이용하면 생각지 못했던 일들을 할 수 있다는 것도 알게 되었지요. 양자역학이 할 수 있는 생각지 못했던 일들이란 주로 정보를 다루는 일들입니다. 그래서 이 분야를 흔히 양자 정보학 (Quantum Information)이라고 부릅니다.

양자역학으로 정보를 처리한다고요?

요즈음 양자 컴퓨터라는 말을 쉽게 들을 수 있습니다. 양자 컴퓨터는 양자역학적인 방법으로 계산하고 정보를 다루는 컴퓨터입니다. 양자역학적인 방법이 무엇인지는 조금 있다가 설명해 보기로 하고, 먼저 양자 컴퓨터가 왜 각광을 받고 있는지 알아보겠습니다.

양자 컴퓨터가 주목받는 이유는 어마어마하게 빠른 속도로 계산을 할 수 있기 때문입니다. 그렇다고 양자 컴퓨터가 단순히 기존의 컴퓨터보다 능력이 뛰어난 컴퓨터냐 하면 그렇진 않습니다(그런 컴퓨터는 슈퍼컴퓨터라고 합니다). 양자 컴퓨터는 기존의 컴퓨터와 완전히 다른 방법으로 계산합니다. 그래서 특정한 몇 가지의 작업에 대해서는 기존의 컴퓨터와는 비교도 되지 않을 정도로 빠르지요. 여기서 빠르다는 건 2배나 3배, 혹은 10배나 20배 빠르다는 게 아니라, 1만 배, 100만 배 혹은 그 이상 빠르다는 의미입니다. 그래서 기존의 컴퓨터로는 수만 년씩 걸리는 문제도 (이런 문제는 사실상 풀 수 없는 문제입니다) 며칠 만에 풀 수 있습니다. 하지만 양자 컴퓨터가 모든 문제를 이렇게 빠르게 푸는 것은 아닙니다. 그러므로 양자 컴퓨터는 기존의 컴퓨터를 발전시킨 기계가 아니라 특정한 목적을 위해 개발된 기계라고 할 수 있습니다. 즉, 기존의 컴퓨터와는 일종의 보완적인 관계라고 할 수 있습니다.

그러면 양자 컴퓨터는 어떻게 정보를 다루는 것일까요? 컴퓨터에 대해 관심이 있다면 보통의 컴퓨터가 정보를 어떻게 다루는지 알고 있을 것입

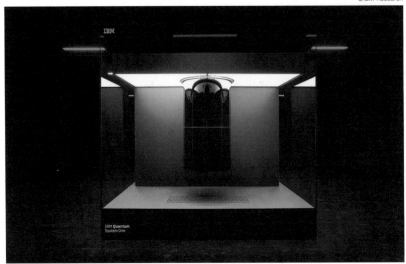

• 2019년 1월 IBM에서 선보인 최초의 회로 기반 상용 양자 컴퓨터 IBM Q System One •

니다. 컴퓨터는 모든 정보를 이진수로 바꾸어서 처리합니다. 우리가 흔히 사용하는 십진수와 달리, 이진수는 0과 1이라는 두 개의 숫자로만 이루어져 있지요. 이렇게 두 개의 숫자로 이루어져 있으므로, 전기가 흐르지 않을 때는 0, 전기가 흐를 때는 1이라고 하는 식으로 전기적으로 구현하기가 매우 쉽습니다. 이렇게 정보의 최소 단위가 되는 이진수를 비트(bit)라고 합니다.

보통의 컴퓨터에서 숫자는 0 아니면 1입니다. 그런데 양자역학에서 양자 상태는 이 두 가지 상태가 섞여 있을 수 있습니다. 이렇게 0과 1이 섞여 있는 상태를 양자역학적인 비트라는 뜻으로 큐비트(Qubit)라고 부릅니다. 보통의 컴퓨터가 비트를 조합해서 계산한다면, 양자 컴퓨터는 큐비트를 조합해 계산합니다. 그러면 큐비트는 어떻게 생긴 걸까요? 혹은 무엇인 걸까요? 여기서 주의해야 할 점은, 우리가 큐비트를 보려고 하면 우리가 보는 것은 항상 0 아니면 1이라는 점입니다. 그렇다면 비트와 마찬가지 아니냐고 할지 모릅니다. 하지만 우리가 보지 않을 때 큐비트는 0과 1이 섞여 있습니다. 이것이 바로 양자적 특성이지요. 이런 양자적 특성을 가지고 있기 때문에 양자 컴퓨터는 적은 수의 큐비트로 많은 경우의 수를 표현할 수 있습니다. 또한 양자 컴퓨터의 계산 역시 0과 1이 섞인 상태에서 이루어집니다. 그래서 특정한 문제에서는 문제가 복잡해지면 복잡해질수록 보통의 컴퓨터보다 빨리 계산할 수 있습니다. 소인수 분해, 이산로그, 데이터베이스에서 검색하는 문제, 여러 입자의 움직임을 다루는 문제 등이 양자 컴퓨터가 빨리 계산할 수 있는 대표적인 문제입니다.

이렇게 양자역학으로 정보를 다루는 방식은 지금까지 우리가 해오던 방식과는 아주 다릅니다. 그래서 양자 정보 이론은 양자 컴퓨터뿐 아니라 여러 분야에서 새로운 접근 방식으로 각광을 받고 있습니다.

양자 컴퓨터를 어떻게 구현하나요

이제 양자 컴퓨터를 만들려면 어떻게 해야 할지 생각해 봅시다. 실제로 컴퓨터를 만들려면 이론을 물리적인 현상으로 구현할 수 있어야 합니다. 앞에서 0과 1을 전기가 흐르지 않을 때와 흐를 때로 표현했듯이 말입니다. 그런데 0과 1이 섞인 상태를 구현하는 일은 이보다 훨씬 어렵습니다. 현재 양자 컴퓨터가 기존의 컴퓨터처럼 급속하게 발전하지 못하는 이유는 여기에 있습니다. 수많은 방법이 제시되고 있지만 아직 반도체를 이용한 컴퓨터처럼 결정적인 기술은 존재하지 않습니다. 따라서 이 분야를 개척하는 것 역시 물리학이 미래에 해야 할 일로 보입니다. 뒤에 소개할 스핀트로닉스라는 분야도 주요한 양자 컴퓨터 하드웨어의 후보로 주목받고 있습니다.

2011년 캐나다의 D-웨이브 시스템이라는 회사가 최초로 양자 컴퓨터를 개발했다고 발표했습니다. 그 이후 D-웨이브 시스템은 더욱 발전한 후속 제품을 몇 차례 더 내놓았습니다. 현재의 D-웨이브의 양자 컴퓨터는 2,000개의 큐비트를 가지고 있다고 합니다. 하지만 이들의 양자 컴퓨터는 일반적인 용도를 위한 완전한 양자 컴퓨터는 아니고, 기존의 컴퓨터에 큐비트를 처리하는 양자 CPU를 달아놓은 형태이므로, 우리가 양자 컴퓨터에 기대하는 바를 제대로 보여 주지는 못합니다.

현재 양자 컴퓨터 분야에서 가장 앞서 있는 회사는 구글과 IBM이라고 합니다. 이들 회사가 사용하는 방법은 다음 절에서 소개할 초전도 현상을 이용한 큐비트를 만들어서 계산하는 방식입니다. 초전도 현상은 극저온에서만 일어나므로 이들의 초전도 큐비트는 절대 0도에 가까운 온도에서 작동합니다. 현재 이들 회사에서는 수십 개 큐비트 규모의 초전도 양자 컴퓨터 시스템이 안정적으로 작동하는 기술 수준에 이르렀다고 합니다.

어떻든 양자 컴퓨터는 아직 미래의 기술입니다. 그것도 아직 공학자들보다 물리학자들이 할 일이 더 많이 남아 있는 분야이지요. 그러므로 앞으로 어떻게, 얼마나 발전할지는 아무도 모릅니다. 양자 컴퓨터 이외에도 양자 암호, 양자 전송 등의 완전히 새로운 과학과 기술이 양자 정보 분야에서 태동하고 있습니다. 이러한 기술은 앞으로 물리학이 발전함에 따라 활짝 꽃피게 될 것입니다.

새로운 기술을 만드는
응집물질물리학

세상 모든 일이 그렇지만, 물질의 성질에 대해서도 깊이 알면 알수록 점점 더 신기하고 흥미로운 일들이 많아집니다. 우리가 접하는 원자의 종류는 정해져 있지만, 이들이 결합하는 방법에 따라 얼마든지 다른 물질이 만들어질 수 있으므로 물질의 종류는 사실상 무궁무진합니다. 그러므로 새로운 현상을 발견할 가능성은 무한히 열려 있지요. 게다가 물질의 새로운 특성을 알아내면 이전에 없었던 새로운 기술이 발명될 수도 있습니다. 그래서 물리학자 중에는 물성을 연구하는 물리학자의 수가 제일 많습니다. 여기서는 지금도 각광 받는 두 가지 분야만 소개해 보겠습니다. 물론 앞으로 소개할 이 두 분야 말고도 물질의 연구는 무궁무진하다는 점을 잊지 마세요.

물리학자들은 왜 초전도 현상에 열광할까요

물성을 연구하는 물리학자들에게 초전도는 가장 화려하게 주목받은 현상입니다. 현상 자체가 워낙 신기하고, 이를 설명하는 이론이 심오하며, 산업적인 응용 가능성도 무궁무진하기 때문입니다. 즉, 인기를 끌 요소를 골고루 가지고 있는 수퍼스타인 셈이지요. 초전도를 마음대로 다룰 수 있게 된다면 엄청나게 강한 자석을 만들 수도 있고, 전기를 저장하거나 멀리까지 보내기도 훨씬 쉬워집니다.

우선 초전도가 무엇인지부터 알아봅시다. 초전도란 물질의 전기저항이 0이 되는 현상입니다. 그게 뭐 그리 대단한 일인가 할지 모르겠습니다. 이해하기 쉽게 말하자면, 전기저항이 0이 되는 현상은 우리의 일상에서 마찰이 0이 되는 현상과 비슷합니다. 마찰이 0이 되면 전혀 다른 세상이 됩니다. 그네를 탈 때 한 번만 밀어 주면 계속 왔다갔다 하고, 롤러코스터는 한번 움직이면 영원히 레일을 오르내릴 것입니다. 재미있을 것 같지만 사실 굉장히 곤란하기도 합니다. 마찰이 없다면 물건을 집어들 수도 없고, 걸을 수도 없으며, 바퀴가 돌아도 자동차가 앞으로 가지 않습니다. 조금만 기울어진 곳의 물건들은 죄 아래로 미끄러질 것이고요.

이제 초전도 상태에서는 어떤 일이 일어나는지 봅시다. 전기저항이 0이 되면 전류가 흐를 때 제한이 없어지므로 전기를 먼 곳으로 보낼 때 손실이 거의 없습니다. 또한 전기를 무한정 보관할 수도 있습니다. 전류를 고리에 흐르게 하면 그냥 놔두어도 사라지거나 줄어들지 않고 그대로 유지되

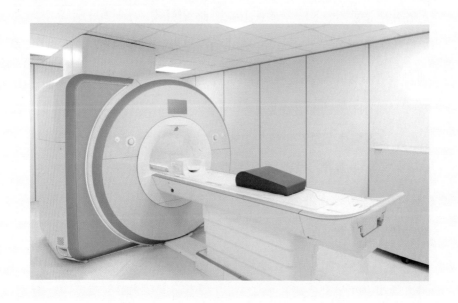

MRI 기계에도 초전도 전자석이 사용되는 등,
초전도 현상은 우리 일상에서도 찾아볼 수 있습니다.

기 때문입니다. 또한 보통의 물질에서는 전기저항에 의해 열이 발생하므로 어느 정도 이상의 전류가 흐르면 물질이 녹아 버리는데, 초전도 물질에는 그런 일이 없으므로 많은 양의 전류를 흐르게 할 수 있고, 따라서 매우 강한 전자석을 만들 수 있습니다. 실제로 실험실이나 MRI와 같이 강한 자석이 필요한 곳에서는 지금도 초전도 전자석을 사용합니다.

만약 특정 물질만 초전도 상태라면 그 물질에만 엄청난 양의 전류가 흐르게 되므로 초전도 물질에 연결된 다른 물질은 과전류로 인해서 타거나 녹아 버릴 수도 있습니다. 초전도 현상이 처음 발견되었을 때 바로 그런 일이 일어났지요. 온도를 낮추면서 수은의 전기저항을 측정하는 실험을 하고 있었는데, 수은이 초전도 상태가 되어서 갑자기 실험장치가 타버린 것입니다. 초전도 현상은 20세기 초인 1911년에 발견되었지만, 20세기 중반인 1957년에 이르러서야 이론적으로 해명되었습니다. 초전도 이론은 이론을 만든 존 바딘, 리언 쿠퍼, 존 슈리퍼의 성의 첫 자를 따서 BCS 이론이라고 부르는데, 대칭성과 대칭성 깨짐, 두 전자가 결합해서 하나의 상태로 작용하는 등 놀랍고도 새로운 내용이 담겨 있어서 물리학 전반에 크게 영향을 주었습니다. 입자물리학의 중요한 이론인 힉스 입자에 관한 이론의 원형이 바로 BCS 이론입니다.

하지만 초전도 현상을 산업적으로 응용하는 데는 커다란 장애가 있습니다. 그것은 이 현상이 매우 낮은 온도에서 일어난다는 점입니다. 그것도 보통 낮은 게 아니라 절대온도 4도, 즉 영하 270도에 가까운 극저온에서 일어나는 현상이지요. 따라서 우리는 일상에서 초전도 현상을 전혀 느껴

볼 수 없습니다. 실험실이나 산업 현장에서 초전도를 이용하기 위해서는 이러한 극저온 상태를 만들어야 하는데, 이 극저온 상태는 만들고 유지하는 데 고도의 기술이 필요하고 비용이 많이 듭니다. 그래서 아직 초전도는 산업 현장에서 사용되는 경우가 극히 제한적입니다. 또한 BCS 이론에 따르면 초전도가 일어날 수 있는 온도는 절대온도 약 30도(영하 243도)가 한계이며, 이보다 높은 온도에서는 초전도가 나타나지 않습니다. 이런 이유로 물성을 연구하는 과학자들은 더 높은 온도에서, 아쉬운 대로 액체 질소의 온도인 영하 196도 정도에서 나타나는 새로운 초전도 현상은 없을까 하는 질문을 던져 왔습니다.

그러던 중 1986년에 깜짝 놀랄 소식이 전해졌습니다. 스위스 취리히의 IBM 연구소에서 일하던 독일의 물리학자 요하네스 베드노르츠(Johannes Bednorz, 1950~)와 스위스의 물리학자 카를 뮐러(Karl Müller, 1927~)가 절대온도 35도(영하 238도)에서 한 무기화합물이 초전도성을 보이는 것을 관찰했다고 보고한 것입니다. 이들의 연구 결과는 두 가지 점에서 놀라움을 던져 주었는데, 하나는 금속이 아니라 무기화합물에서 초전도성이 발견되었기 때문이고, 다른 하나는 초전도성을 보이는 온도가 BCS 이론으로 설명할 수 없는 온도였기 때문입니다. 무기화합물이란 흔히 세라믹이라고 부르는 물질입니다. 세라믹은 금속이나 유기물질과 더불어 우리 주변에 가장 흔한 물질입니다. 주변을 한번 둘러보세요. 창틀이나 문은 금속이고, 가구는 유기물질인 나무고, 벽은 세라믹인 벽돌입니다. 우리가 알기로 전기가 통하는 성질은 주로 금속에서 일어나는 일인데, 베드노르츠

• 액체 질소로 냉각한 고온에서 영구 자석 위로 부상하는 초전도체 •

와 뮐러의 발견에 의하면 벽돌이나 도자기 같은 세라믹에서도 전기가 통한다는 겁니다. 게다가 단순히 전기가 통하는 정도가 아니라 무려 초전도 성질을 가진다고 하니 더욱 놀랄 일이었지요. 두 사람이 실험한 물질은 바륨－란타늄－구리산화물이라는 복잡한 화합물이었습니다. 이들의 발견 이후 여러 종류의 무기화합물에서 초전도 성질이 발견되었습니다.

이들의 발견이 주목을 받은 가장 큰 이유는 초전도가 나타나는 온도가 BCS 이론의 한계온도보다 높은 온도라는 점이었습니다. 즉, 이 초전도 현상은 BCS 이론으로는 완전히 설명할 수 없는 현상이고, 우리가 전혀 모르는 완전히 새로운 현상인 겁니다. 또한 이 현상은 BCS 이론을 따르지 않으므로, BCS 이론의 한계를 넘어서는 초전도가 가능하다는 것을 보여 주었습니다. 그렇다면 이보다 더 높은 온도에서 초전도를 나타내는 물질도 존재할 수 있겠지요. 이런 이유로 BCS 이론으로 설명되지 않는 초전도 현상을 '고온 초전도'라고 부릅니다.

베드노르츠와 뮐러는 이 업적으로 다음 해인 1987년 노벨 물리학상을 받았습니다. 이렇게 신속하게 노벨상이 주어졌다는 건, 사람들이 이 업적을 얼마나 중요하게 생각하는지를 잘 보여 줍니다. 이후 더 높은 온도에서 초전도 현상을 보이는 물질과 이 현상을 설명하는 이론을 찾는 일이 물리학에서 가장 뜨거운 관심사가 되었습니다. 현재 초전도 현상이 나타난 가장 높은 온도는 수은-바륨-칼슘-구리산화물 중 하나에서 관찰된 절대온도 134도(영하 139도)입니다. 하지만 아직 고온 초전도의 응용은 제대로 이루어지지 않고 있습니다. 한편 고온 초전도 현상을 이론적으로 제대로 설명하는 방법도 아직 없습니다. 아마도 고온 초전도를 명쾌하게 설명할 수 있다면 노벨상은 틀림없을 것입니다. 고온 초전도 이론에는 어떤 새로운 내용이 필요할 것인가 하는 점은 이론물리학의 가장 관심이 가는 주제 중 하나입니다.

전자의 '스핀'을 연구하는 스핀트로닉스

현대사회는 전기 문명사회라고 할 수 있습니다. 전기 에너지는 다른 에너지로 변환하기 쉽고 대량으로 생산하거나 먼 거리까지 보낼 수 있기 때문에, 우리가 사용하는 대부분의 에너지가 점차 전기 에너지를 이용하는 것으로 바뀌어 가고 있습니다. 대표적으로 자동차는 본래 연료를 태우는 내연기관으로 움직였는데, 최근에는 점차 전기차로 바뀌어 가고 있지요.

전기가 흐른다는 건 물질 속에 들어 있는 전자가 움직여서 이동한다는 의미입니다. 전자와 같은 입자는 질량과 전하라는 고유한 성질을 가지고 있습니다. 질량과 전하는 따로 설명하지 않아도 아시겠죠? 따라서 우리가 전기를 사용한다는 말은 전자의 전하라는 성질에 의해서 전해지는 전기력을 사용하는 셈입니다.

그런데 전자에는 그 외에도 '스핀'이라고 부르는 성질도 있습니다. 스핀에 대해서 제대로 알려면 물리학을 조금 깊이 공부해야 하므로, 여기서는 자세히 설명하지 않겠습니다. 다만 스핀은 물질이 자성을 띠는 원인이므로 일단 스핀의 효과는 자성의 효과와 매우 복잡하게 얽혀 있다는 정도로 알아 두도록 합시다. 그래서 스핀이라는 성질을 연구하면 자기력의 효과를 함께 생각하게 됩니다. 우리는 어릴 때부터 자석을 가지고 놀아서 자성이라는 현상에 매우 익숙하지만, 사실 자성은 매우 복잡하고 어려운 현상입니다.

전자가 움직이면 전자의 전하가 이동할 뿐 아니라 스핀도 이동합니다. 우리가 보통 사용하는 전기 회로에서는 움직이는 전자들이 가지고 있는 스핀의 방향이 제멋대로이고, 전하와는 달리 스핀의 방향은 전자가 이동하면서 얼마든지 바뀔 수 있기 때문에 그다지 중요하지 않습니다. 하지만 최근 들어서 나노 기술이 발전하면서 스핀의 흐름도 연구할 수 있게 되었습니다. 이렇게 스핀이 흐르면 자기와 전기가 복잡하게 관여하는 여러 새로운 현상이 생겨납니다. 그에 따라 이러한 현상을 연구하고 이용하려는 새로운 분야가 탄생했습니다. 이 분야를 '스핀트로닉스(spintronics)'라고 부릅니다. 이 이름은 전자공학을 뜻하는 일렉트로닉스(eletronics)에서 전기를 뜻하는 일렉(elec-)을 스핀(spin-)으로 바꾼 것입니다.

　스핀트로닉스는 탄생한 지 그리 오래되지 않은 분야기 때문에 현재 우리 주변에서 찾아보기는 어렵습니다. 아직은 과학자들이 열심히 연구하고 있는 분야라고 할 수 있죠. 스핀트로닉스에서는 거대 자기 저항이라든지 스핀 전류, 스핀 홀 효과 등 기존의 물성 연구에서는 존재하지 않았던 여러 재미있는 현상들이 나타납니다. 또한 전자의 스핀을 통해 다양한 방법으로 정보를 전달할 가능성이 있으므로, 앞 절에서 소개한 양자 정보 분야와 결합하면 새로운 가능성이 열릴 수도 있습니다. 스핀트로닉스는 미래에 기대해 볼 만한 새로운 분야가 분명합니다.

중성미자를 가지고
어떻게 실험하나요?

중성미자는 본문에서도 한번 언급했듯이 매우 독특한 성질을 가진 입자입니다. 중성미자의 독특한 점은 다른 입자와 거의 상호작용을 하지 않는다는 점입니다. 그래서 우주에는 수없이 많은 중성미자가 돌아다니고 있지만 우리는 이를 전혀 느끼지 못합니다. 예를 들어서 태양의 내부에서 일어나는 핵반응에 의해 만들어지는 중성미자는 1초 동안에 우리 손가락 마디 하나에만 약 1,000억 개 정도가 지나가고 있습니다. 우리 몸 전체로 하면 수십 조 개가 넘는 숫자이지요. 하지만 우리는 중성미자가 우리 몸을 지나간다는 사실을 평생 느끼지 못합니다. 우리 몸을 통과해서 지나가는 그 많은 중성미자 중에서 우리 몸의 원자와 반응하는 것은 하나도 없기 때문입니다.

그래서 중성미자 실험은 좀 얼토당토않은 방법으로 보이는 경우가 많습니다. 그중 한 가지 예를 보겠습니다. 중성미자 실험 중에 중성미자가 수백 킬로미터 정도의 꽤 먼 거리를 지나가고 난 후에 어떻게 되는가를 관찰하는 실험이 있습니다. 다음은 스위스의 제네바에서 만든 중성미자를

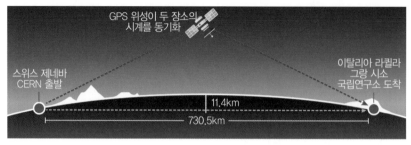

• 중성미자를 관측하기 위한 ORERA 실험 •

이탈리아 중부지방의 그랑 사소라는 지역에 있는 연구소에서 관측하는 OPERA라는 실험을 표현한 것입니다. 두 장소 사이의 거리는 700킬로미터가 넘습니다. 그런데 지구는 둥글기 때문에 이만큼 떨어진 두 장소를 직선으로 이으면 지구 속을 통과하게 됩니다.

자동차, 로켓, 공 등이 저 길을 통해서 지나가려면 그 길에 터널을 뚫어야 합니다. 그런데 저렇게 지구 속을 통과하는 터널을 뚫으려면 역사에 길이길이 남을 어마어마한 대공사가 될 것입니다. 가장 깊은 곳을 지날 때에는 무려 지하 10킬로미터도 넘는 곳을 지나야 하니까요. 아직까지 인간은 그렇게까지 깊은 지하까지 도달하지 못했답니다. 하지만 중성미자가 지나갈 때는 터널이 필요하지 않습니다. 그냥 방향만 맞춰서 보내면 그림처럼 중간의 흙이나 돌 등과 전혀 반응하지 않고 목적지까지 가게 되지요. 사실 대부분은 목적지를 통과해서 계속 이동합니다. 그러면 우주로 나가게 되겠지요. 이렇게 중성미자 연구는 커다란 상상력을 필요로 한답니다.